山地人居環境科學研究

吴良镛

赵万民　著

中国建筑工业出版社

图书在版编目（CIP）数据

山地人居环境科学集思 / 赵万民著. -- 北京 ： 中国建筑工业出版社，2019.3
ISBN 978-7-112-23451-6

Ⅰ. ①山… Ⅱ. ①赵… Ⅲ. ①山地－居住环境－环境科学－研究－中国 Ⅳ. ①X21

中国版本图书馆CIP数据核字(2019)第045887号

责任编辑：李　东　陈夕涛　徐昌强
责任校对：赵　颖
封面题字：吴良镛
封面设计：赵万民　杨　光
装帧设计：赵万民　杨　光

山地人居环境科学集思

赵万民　著

*

中国建筑工业出版社出版、发行（北京海淀三里河路9号）
各地新华书店、建筑书店经销
北京富诚彩色印刷有限公司印刷

*

开本：787×1092毫米　1/16　印张：16¾　字数：268千字
2019年4月第一版　2019年4月第一次印刷
定价：165.00元
ISBN 978-7-112-23451-6
　　（33760）

感谢国家自然科学基金重点项目资助（50738007）

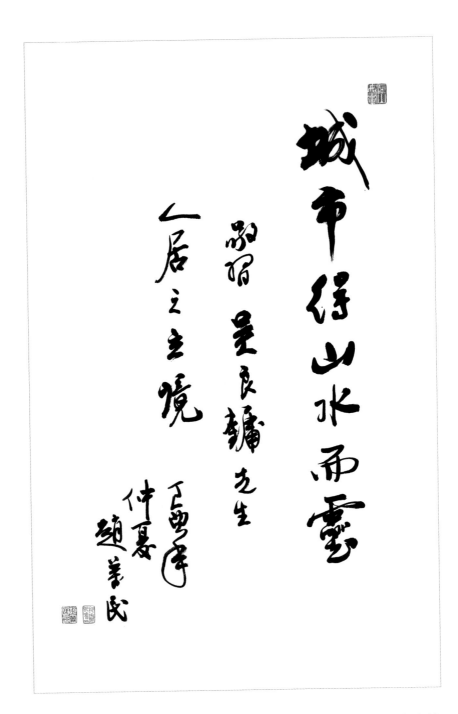

"城市得山水而灵"——敬习吴良镛先生人居之立境

丁酉年仲夏　赵万民

目　录

自　序

我国是一个多山国家，西南山地是人口稠密、生态敏感、工程与安全矛盾突出地区；同时，山地是生态资源涵养区，少数民族聚居和文化富集区；是地方建筑学生长土壤和文化根基所依存地区。相对而言，山区城乡规划和建筑技术力量薄弱，人才队伍建设工作亟待发展。我国城镇化进程由东部向西部地区推进，西南山地和三峡库区人居环境建设的地域化研究，成为十分重要的内容和紧迫任务。党的十九大以来，民族文化自重、生态智慧觉悟，为山地人居环境科学研究提供了更高的学术平台和发展空间，形成前进中的时代命题和学术要求。

1992年春，笔者进入清华大学，跟随吴良镛先生学习人居环境科学思想；1996年6月，笔者完成清华大学博士学业，回到西南地区，立志学术事业，致力于西南山地和三峡库区人居环境科学研究和教育工作。

通过对人居环境科学思想的学习和实践探索，笔者逾30年时间，经历了科学认识、探索成长、学有所得的思维过程，希望面对国家山地城乡建设紧迫任务和现实需求，在西南地区有所创新发展。

笔者带领学科团队，将"人居环境科学"思想与我国西南山地和三峡库区城镇化发展现实需求相结合，探索"地域化"实践道路，先后承担了国家自然科学基金、科技支撑计划等相关系列研究课题，有效推动了科学理论探索和工程建设实践。

　　本书以《山地人居环境科学集思》（后简称《集思》）为书名，受教于古训"淡泊明志、宁静致远"，将这些年来的科学认识，有所省思；阶段总结山地城乡建设和社会发展中，笔者对人居环境科学发展道路的探索与收获，抑或存在的缺点与不足，以对今后工作有所调整和补益。通过"读万卷书，行万里路"的治学理念，在"中—西"历史文化的厚重传承中，吸纳养分，拓展视野，以此滋养学术修养。

　　《集思》由上篇"山地人居环境科学认识"、下篇"山地人居环境实践探索"两部分形成构架，探索西南山地城镇化发展与人居环境建设"科学、人文、艺术"之间的内在联系。

　　对城市和建筑空间形态的认识和表达，是我们学业重要的思维方式和技术形式，笔者经常见到学术界出版的精美书著，思想深邃，图文并茂，观点与形式俱佳，令人钦佩，诸多优秀作品和学术思想，对《集思》的内容形成，有很好的启迪和借鉴。

　　著述《集思》，希望对我国山地人居环境建设，做微薄思考和探索，为祖国山川大地美好人居环境建设事业，有一砖一瓦的添补。

　　请学界同道的师长和朋友们指正。

三峡·云阳张飞庙

上　篇：山地人居环境科学认识

1 向"人居环境科学"思想学习

1 人居环境科学思想认识

2018 年 12 月，在北京人民大会堂庆祝改革开放 40 周年大会上，"人居环境科学"的创建者吴良镛院士以 96 岁高龄，荣获我国改革开放先锋称号❶，这标志着"人居环境科学"是我国城镇化发展和城乡建设 40 年创新道路的重要成就。2012 年 2 月，在国家科学技术奖励大会上，吴良镛院士获得国家最高科学技术奖❷，表明人居环境科学对国家科学技术创新事业所做出的杰出贡献。吴良镛院士所创立的人居环境科学思想和实践道路，是自新中国建立 70 年来我国城乡建设事业创新探索和发展之路；这项工作的巨大成就和荣誉，也是我们中国建筑学人共同事业的成就和荣誉。

自 20 世纪 50 年代初始，吴良镛先生从美国完成研究生学习回国，七十年来，深深植根于祖国社会主义建设的土壤上，致力于我国城市规划和建筑事业的发展，探索中国特色人居环境科学创新和实践道路。在充分认识和理解中国城乡建设国情，结合传统城市规划和建筑学思想，吴良镛先生以国家各个时期建设需求为己任，建

---

❶ 2018 年 12 月 18 日，在北京人民大会堂庆祝改革开放 40 周年大会上，《中共中央 国务院关于表彰改革开放杰出贡献人员的决定》中，我国"人居环境科学"的创建者吴良镛院士，荣获改革先锋称号并被授予奖章。
❷ 2012 年 2 月 14 日，在国家科学技术奖励大会上，吴良镛院士获得 2011 年度国家最高科学技术奖，核心科技贡献是创建了"人居环境科学"思想并在中国的成功实践。

重庆·临江门传统人居环境

1994 年 4 月

立自己的事业人生观：为国家城乡建设事业的发展，"读万卷书、行万里路、谋万家居"。吴良镛先生将西方现代理论与中国城镇化发展的具体实践相结合，融会贯通，实事求是，勇于创新，走出了一条我国自己城乡建设和建筑学术发展的科学道路。《广义建筑学》和《人居环境科学》系列理论与实践总结，是我国建筑学界里程碑式的思想著述，从科学方法和哲学观上，界定了建筑学、城乡规划学、风景园林学的科学内涵和学科构成关系。20 世纪 80 年代所形成的《广义建筑学》思想，阐述了建筑学的本质是"人·建筑·环境"的有机构成关系，建筑学的完整概念是人类聚居的整体认识和把握，而不是狭义的建筑个体或者以建筑物向为主要目标的创作行为；"广义建筑学"思想在 1999 年国际建协第 20 届世界建筑师大会上，得到中国和国际建筑师普遍的响应和赞誉；在吴良镛先生系列建筑创作中，如北京"菊儿胡同"新四合院、北京"中央美术学院"新校园区、山东曲阜"孔子研究院"、南京"江宁织造博物馆"等，"广义建筑学"思想得到很好的理论诠释和建设实践。进入 21 世纪，在《广义建筑学》思想的基础上，吴良镛先生创立了"建筑、城市、大地景观"融贯认识的"人居环境科学"思想，形成"人居环境科学"的理论研究体系，以及在中国城乡学术视野和城镇化进程时空范围的认识总结和演进发展，"人居环境科学"思想走向成熟。在研究工作后期，吴良镛先生《明日之人居》，提出从科学、人文、艺术的融贯思维，来认识人居环境科学的创新与发展，即"科学求真、人文求善、艺术求美"。人居环境科学思想的本质是在国家城镇化发展中，人们建设活动的目的，是创造人与环境和谐共生的"美好家园"；人居环境科学研究的核心内容，是认识和把握人类聚居发生、发展的客观规律，从而建立符合人类理想并可持续发展的"人居环境"。

长期以来，中国的建筑学界为自己的学术事业普遍被认为是"文化与技术"而不是"科学"深感困惑。事实上，建筑学、城乡规划学、风景园林学是"理论与实践""科学思维与技术方法"融贯为一体的复杂性科学，其科学内涵广泛包括了工程技术、人文艺术、哲学思维的构成关系，这是吴良镛先生创立"人居环境科学"思想的精髓。

人居环境科学阐述"大建筑"学科间所形成融会贯通的内在联系，这与当代世界上科学认识新发展和哲学思维新演进十分吻合。科学思维不全是单纯建立在物质和技术层面上，也不仅仅是技术概念和物质单元孤立的单向链接，而是广泛包涵了

三峡·传统聚居
1999 年 5 月

人文形态和哲学内涵对技术行为的参与和启迪，以及从事物整体性上来认识过去、现在、未来的发展规律，建立辩证的科学思维方式，引导事物正确发展。"人居环境科学"思想，正是认识与把握当代科学思维的发展，结合世界城市化的发展规律和发展经验，认识中国城镇化发展实际，探索和总结了我国建筑学、城乡规划学、

赵万民博士毕业与导师吴良镛先生合影
（清华大学，1996 年 3 月）

风景园林学的学科内涵和发展关系，创立了符合中国城乡建设事业实际的"人居环境科学"思想。这使得我们的工作，在纷繁的物质世界中、在社会进步的推演过程中、在可持续发展的目标下，能够清醒认识和把握正确方向，以科学的态度，来建设中国理想的"人居环境"。

"人居环境科学"成为我国改革开放 40 年的标志性成就，建筑学术事业进入国家科学技术平台，思想认识逐步进入科学轨道，城乡建设事业伴随社会主义建设的发展而更加繁荣昌盛。正如吴良镛先生所说，人居环境科学，是一个融贯开放的体系，需要从不同地区、不同学科、不同时期社会需要，来深化和完善人居环境研究的思想内容和技术途径 ❶。

---

❶　参见吴良镛：《人居环境科学导论》，序言，北京：中国建筑工业出版社，1999 年。

重庆·山城
1991 年冬

2　学习"人居环境科学"思想

1992年春,我考入清华大学建筑学院,跟随吴良镛先生"全日制"博士研究生学习。当时,吴良镛先生"广义建筑学"思想已成著述问世,在我国建筑学界产生了很好

赵万民博士论文
《三峡工程与人居环境建设》
(人居环境科学丛书之一)

的学术影响。此时,在国际学界,关于人与环境的讨论和"可持续发展"共识的提出,在世界范围的学者中引起普遍关注。在90年代初,我国城镇化发展在"珠三角"和"长三角"地区逐步进入加速阶段,因区域性大幅度的人口扩展和城镇建设对城镇化地区环境的干预和破坏,人与环境的矛盾日渐突出。吴良镛先生认为:"作为科学工作者,我们迫切地感到城乡建筑工作者在这方面的学术储备还不够,现有的建筑和城市规划科学对实践中的许多问题缺乏确切、完整的对策。尽管投入轰轰烈烈的城镇建设的专业众多,但是他们缺乏共同认可的专业指导思想和协同努力的目标,因而迫切需要发展新的学术概念,对一系列聚居、社会和环境问题作进一步的综合论证和整体思考,以

适应时代发展的需要。"❶ 从那时起,吴良镛先生进行关于"人居环境"学术思想的框架建构和学术建设的推动工作。在国家自然科学基金的支持下,吴先生推动某些高等建筑规划院校召开了四次全国性的学术会议,讨论人居环境科学问题。清华大学于1995年11月正式成立"人居环境研究中心",并在建筑学院开设"人居环境科学概论"课等,社会和学术界的影响逐步展开。在这段时期中,我作为博士研究生,跟随导师吴良镛先生参加会议,阅读资料,听课,以及做一些助手工作,耳闻目染,循序渐进,受益匪浅,逐步使我建立了对"人居环境"学术思想研究的认识和启蒙。

进入博士研究生二年级学习,我需要选定博士论文的研究方向。1993年春,吴良镛先生带领我考察三峡并做沿途城市(镇)建设情况调研工作,看见库区即将面

---

❶　参见吴良镛:《人居环境科学导论》,序言,北京:中国建筑工业出版社,1999年。

三峡·万州码头

1999 年 12 月

临的水库淹没和大面积城市（镇）搬迁实情，以及三峡库区即将面对的特殊城镇化发展和人居环境建设问题，遂决定我的博士论文方向为"三峡库区人居环境建设研究"，并指导和推进我的调研和写作工作。在吴良镛先生的悉心指导下，通过两年多的调查研究和案头写作，1995年底我完成博士论文，并顺利通过评阅和答辩；1996年春，我于清华大学毕业并获得博士学位授位。

1998年，我的博士论文《三峡工程与人居环境建设研究》作为吴良镛院士主编的"人居环境科学丛书"之一，在中国建筑工业出版社出版，在论文出版"序"中 ❶，吴先生表达了作为导师对于论文选题和研究方向的思考，以及对三峡人居环境建设研究探索、对国家重大建设项目的关注和社会责任感。从吴先生对博士论文的学术评价中，我们今天仍然可以感受到先生对于学生的关爱、思维引导以及对学生学术事业发展的关切和期盼。

"赵万民同志到清华来做博士生，有一个选题的问题。他来自重庆，多年生活、工作于巴山蜀水山地环境，我认为还是应该研究山地的实际问题。根据他的基础特点，定框框，找题目，从学术上讲有很多可开拓的东西。后来慢慢讲到三峡。对于三峡工程，从我来讲，一直十分关注。萨凡奇1945年来中国时，我正在战后重庆，对工程的讨论有很大的吸引力。1940年代末在美国读书时，结合城市规划的学习，对罗斯福新政田纳西的水利工程建设很向往，曾经亲赴实地做过一些调查和观察。后来我也去过我国的新安江、太平湖等地，感觉到移民问题是一个很大的问题，即便周总理在过问，问题也很难一时全部解决。因此，我认为三峡的移民是一个大问题，但我未亲自参加三峡讨论，也未看到当时论证的资料。根据多年参加和解决重大工作项目的一些经历，感到过去对三峡移民工程和城镇建设问题的介绍，局部或零星的多，很多方面尚未将问题亮出来。曾听一位参加论证的建筑专家告诉我，移民问题远没有足够和必要的讨论，移民迁建需要很多钱，但这个钱仅认为是盖房子，其他多未涉及。因为我没有机会参加意见，也不了解情况。

"1992年国家决定三峡工程上马，我感觉得对三峡的问题也应该进行研究，这是摆在面前的很现实的问题。我建议赵万民同志应该选这方面的课题进行博士论文工作。1993年春我带赵万民去三峡库区做了一次考察，走访丰都、万县、巫山等地，

❶ 参见赵万民：《三峡工程与人居环境建设》，导师吴良镛"序"，北京：中国建筑工业出版社，1998年。

三峡·传统山水人居
2008 年秋

觉得库区移民与城镇迁建问题很大。至于博士论文的选题，同样面临很大的问题：第一是'上不上'；其次是'如何上'。是讲一个方面的问题呢？还是做一个全面的思考，有没有力量对这么大的问题进行研究？ 1987 年硕士研究生胡章鸿同志曾对三峡的城镇进行调查❶，了解到一些大致的情况，注意到一些讨论，但当时三峡工程尚在初期的论证，问题研究也难于深入。应该说赵万民博士论文方向的选定，信心是逐步建立的，师生联手，渐次探入问题的深处，亦苦亦乐。后来，我被邀请为库区历史文化保护规划的三位顾问专家之一，一方面更有

三峡人居环境建设研究核心成果之一
获得教育部科技进步一等奖（2014 年 1 月）

责任感，同时也觉得更有研究的必要。实践证明，对于博士研究生的培养，宜面对实际需要，敢于做大的题目，敢于剖析大的问题，敢于研究焦点问题。

"举世瞩目的三峡工程不仅仅是一项水利枢纽的建设工程，也不简单的是一项移民迁建的安置工程，而是库区数百万人民生产和生活可持续发展的人居环境建设的综合系统工程。这项工程在工程技术上的难度，已为一般人所周知，而在人居环境建设方面，却缺乏应有的验证与研究，问题很多，尚未引起政府社会的普遍重视。在建筑规划界的行业范围，对此问题也关注不够。赵万民根据导师的意见，毅然不畏艰辛，多次深入库区调查研究，收集资料，逐渐触及问题的核心，形成论文的四大方面："城市化问题""城市规划问题""城市设计问题""历史文化遗产的保护问题"，进行深入探讨。其论文所取得的成果，是富于创造性的。论文在送审国内水利专家、文物专家、建筑专家、规划专家的评阅中，得到一致的肯定和鼓励，认为是一篇优秀的博士论文。三峡移民局在给赵万民同志的信中指出：这是全国唯一从人居环境学的角度研究三峡移民有关问题的论文，是搞好三峡移民的良师益友。

---

❶ 胡章鸿，清华大学建筑学院 1988 届硕士研究生，导师吴良镛，硕士论文研究《长江上游沿江城镇历史发展初探》，后赵万民博士论文研究《三峡工程与人居环境建设研究》，对胡章鸿的研究内容有所参考和借鉴。笔者注。

酉阳·龙潭民居

2000 年 3 月

特别是对于三峡移民城镇规划的制定及今后规划的实施具有一定的参考价值和借鉴意义。❶

"赵万民同志这种从实际出发所得到的结论性的建议,无论在理论上或在实践上,都是有一定的创造性。对一些问题设想,虽未必完全正确,但也可以为进一步的研究提供基础。此外,本论文是就三峡的问题探讨人居环境学的研究方法的一次尝试,说明了三峡工程不是简单的无数工程项目的叠加,而是关系到政治、经济、社会、文化、生态、工程技术等多种领域的一个大的系统工程。就建筑与城市规划学科来说,也必须用人居环境学的融贯的综合方法进行探讨,得到相应的结论。值得提及的是,他在毕业后回到重庆的工作中,还沿着这一研究方向,发展探索,已做出了可喜的成绩。

"这项工作对我们很有启发:只要是关系到社会发展,关系到国计民生的事,就应该努力以赴,面对任何复杂的问题,如庖丁解牛,予以剖析,逐步探索相应的战略,如此反复不已。这篇论文能够得到较为广泛的承认,因为它从实际中来,寻求解决的办法,又回到实际中去,经受检验,继续提高。当然,这项工作也不是无一缺点的,有关资料、时间、条件、方法等,尚有诸多局限。地区经济、交通、文化、管理等方面的客观条件,不断变化,为作者工作增添了很多困难,这种不畏困难的精神,应该鼓励。"❷

1996 年夏,笔者在清华大学完成博士学业,根据吴先生的要求,回到重庆大学,立足我国多山国情,面对西南山地城镇化发展与城乡建设国家需求和科技目标,克服山地工程建设复杂、学科积淀薄弱的困难,将吴良镛院士"人居环境科学思想"与西南复杂生态环境下城乡建设、三峡库区大规模城镇搬迁和移民安居现实科技任务相结合,逐步建立关于西南山地人居环境科学研究与技术方法实践的探索工作。20 多年来,笔者积极关注清华大学人居环境研究所的学术发展和动态,参与相关的学术活动并汲取新的营养,希望对推动人居环境科学思想在西南山地地域化发展有所学术作为。

---

❶ 赵万民博士论文《三峡工程与人居环境建设研究》获得清华大学优秀博士论文,1999 年,由清华大学送出参加全国首届优秀博士论文评选,进入最后一轮评审,遗憾未能终选。
❷ 参见赵万民:《三峡工程与人居环境建设》,导师吴良镛"序",北京:中国建筑工业出版社,1998 年。

忠县·西山街
2003 年 3 月

2 三峡库区人居环境的可持续发展

1 三峡库区人居环境研究产生的背景

我国城乡规划与建设事业的发展，从理论创新到工程实践，三峡工程的建设和库区百万移民，是一项开创性的工作。三峡工程建设，是集防洪、发电、航运、调水多项功能为一体的国家重大工程，也是国家在三峡地区和长江流域的中西结合部推进新型城镇化发展的一次尝试。

自20世纪1992年三峡开工建设，到2009年三峡工程初步建成验收，库区总体完成125.65万移民，12个县市、114个集镇搬迁建设，形成在三峡地区5.6万平方公里水陆域面积上近1400万人民的生产、生活和生态环境的一次大调整、大平衡和大建设工作。三峡工程是在我国典型的库区山地环境一次城镇化发展的特殊形式。

三峡工程是治理和开发长江的重要工作，是国家城镇化发展由东向西梯进的战略性工程。库区百万移民所引出的大规模城镇搬迁和人居环境建设的可持续发展，是三峡工程成败的关键。历届党和国家领导人对库区的移民工作和稳定发展，都给予高度的关心和重视。

三峡工程论证之初，城市规划学界参与了一定的讨论工作。但是，工程学界更

万州·夜宿

1995 年春

多的关注是水利枢纽的建设工程，库区人居环境的建设并未得到足够的重视。鉴于中国当时的经济能力，以及对社会发展、移民稳定、生态环境等的认识水平，总体

吴良镛、赵万民联名著文"三峡库区人居环境的可持续发展"
（中国工程院《1997·中国科学技术前沿》，上海教育出版社，1998年）

而言，库区的移民安置多做的是"就事论事"的考虑，如：尽量减少搬迁量，减少安置矛盾，节约安置经费，尽快对位和定量解决城市和城镇的搬迁工作等。

对三峡库区因工程建设所引起的社会、经济、城镇化发展，以及库区生态环境、历史文化保护等工作，考虑不够，也缺乏足够的论证。当时，吴良镛院士、周干峙院士等前辈学者，共同认为城市规划学界对此工作参与甚少，相关的研究和论证也很不充分。

20世纪90年代，中国的城镇化发展由"起步阶段"进入"加速阶段"，全国的城市建设也逐步上升到新的台阶。在学科发展和思想转型的过程中，需要有从综合、融贯、学科交叉的学术思维来面对我国建筑学、城市规划、风景园林的理论走向，讨论我国城镇化加速过程中人与环境关系可持续发展的本质问题。

1990—1992年间，是吴良镛院士人居环境学术思想的初步形成期，三峡库区移

作者承担国家和省部级科研项目

项目类型		项目名称	起止时间	备注
"人居环境科学"系列研究		三峡库区人居环境建设研究 （吴良镛院士人居环境科学系列研究）	1992–2002	项目主持人
国家自然科学基金	重点项目	西南山地城市（镇）规划设计适应性 理论与方法研究（50738007）	2008–2011	项目主持人
	面上项目	三峡库区节约环境资源的城市设计方法研究 （50338419）	1997–2000	项目主持人
		西南地区流域开发与人居环境建设研究 （50578164）	2006–2008	项目主持人
		"后三峡时代"库区人居环境品质提升 理论与方法（51278502）	2013–2016	项目主持人
		山地城镇防灾减灾的生态基础设施 体系建构研究（51278502）	2017–2020	项目主持人
科技部	"十五"科技攻关子课题	示范小城镇规划与建设评价指标体系研究	2005–2006	项目主持人
	"十一五"科技支撑课题	城市旧区土地节约利用关键技术研究 （2006BAJ14B06）	2007–2010	项目主持人
		国家重大工程移民搬迁住宅区规划设计 技术标准集成与示范（2008BAJ08B19）	2008–2011	项目主持人
	"十二五"科技支撑课题	西南山地生态安全型村镇社区与基础设施 建设关键技术研究与示范（2013BAJ10B07）	2013–2016	项目主持人
		城镇群高密度空间效能优化关键技术研究 （2012BAJ15B03）	2012–2015	项目主持人
教育部	优秀青年教师基金	三峡库区城市新住区建设环境优化研究	1998–2000	项目主持人
	博士点基金	三峡库区城镇建设的工程技术研究 （20030611022）	2003–2006	项目主持人
		三峡库区城镇化与人口资源协调发展 的理论研究（20070611040）	2007–2010	项目主持人
		西南地区城市形态演变及基础理论研究 （20110191110024）	2012–2016	项目主持人
住房和城乡建设部课题		长江三峡（重庆段）风景资源的调查与评价	2002–2003	项目主持人
重庆市科委		重大科技专项课题 "重庆市小城镇建设关键技术研究与示范"	2004–2007	项目主持人

民迁建工程的综合性和典型性，促成了从人居环境思想和方法角度，研究移民安居和城市、镇迁建的工程问题，从而有了笔者在清华大学以"三峡工程与人居环境建设研究"为选题的博士论文研究，以及毕业后回到重庆大学建立学科团队，所进行的后续理论探索和项目实践工作。

吴良镛先生与赵万民考察三峡人居环境建设
（1999 年 5 月）

2　三峡库区人居环境可持续发展

吴良镛院士携赵万民联名著文《三峡库区人居环境的可持续发展》，在中国工程院《1997·中国科学技术前沿》的院士论文选集中发表，论文并在中国工程院土木、水利与建筑工程学部大会上宣读（1996 年 6 月）。文章提出三峡库区人居环境建设必须同时解决好五个方面的关键问题，才可能使得库区的人居环境建设得到可持续发展，学术观点得到院士专家们的普遍认同和呼应。

文章提出的五个关键问题是：①从国家和区域发展高度，充分认识三峡大地区产业和经济结构的一次大调整和大发展；②三峡库区人居环境建设，是中国一次特殊形态的城镇化过程，不仅是一项水利枢纽的技术工程，而且是一项较长时期的社会工程和文化工程，需要认真探索和总结新的理论和技术方法，指导工程建设的科学发展；③三峡库区生态环境构成、人地矛盾特殊性，具有其复杂性和工程建设难度，需要在大规模城市（镇）迁建工程中，对城镇、建筑、大地景观采取特殊的建设方式，保持三峡大地区人工建设和生态环境保护的平衡和可持续发展；④三峡工程是库区淹没上百个城镇、120 万居民迁移的一项特大安居工程，需要妥善处理好新的人居环境建设、移民安居乐业和生存发展问题；⑤三峡工程建设，其中最大的损失是库区数千年遗存下来的历史文化环境的损失和不可再生，因此，对三峡自然风景资源和历史文化遗产的保护是一项严峻的、前所未有的新任务。

作者"三峡人居环境研究"部分论文

序号	文章名称	作者	期刊	时间
1	三峡库区人居环境的可持续发展	吴良镛；赵万民	中国工程院：1997·中国科学技术前沿	1997 年
2	三峡工程与人居环境建设	吴良镛；赵万民	城市规划	1995 年 04 期
3	三峡库区城市化与移民问题研究	赵万民	城市规划	1997 年 04 期
4	三峡库区人居环境建设科学思想的认识	赵万民	人居科学的未来——第三届人居科学国际研讨会论文集	2014 年
5	"簇群"文化内因与城市整体设计——三峡库区一种传统的城市设计方法探究	赵万民	建筑学报	1996 年 08 期
6	三峡工程中历史文化遗产保护问题——涪陵市迁建与白鹤梁保护规划思考	赵万民	建筑学报	1997 年 05 期
7	现代都市可持续发展城市设计的新概念探索——重庆江北 CBD 新概念设计研究解析	赵万民；王纪武	建筑学报	2008 年 01 期
8	重庆市工业遗产的构成与特征	赵万民；李和平；张毅	建筑学报	2010 年 12 期
9	三峡库区规划中应注意的问题	赵万民	城市发展研究	1996 年 04 期
10	三峡库区城市迁建与发展的规模问题	赵万民	城市发展研究	1996 年 01 期
11	"后三峡时代"库区人居环境建设思考	赵万民；李云燕	城市发展研究	2013 年 09 期
12	三峡库区人居环境建设十年跟踪	赵万民	时代建筑	2006 年 04 期
13	三峡库区 10 年来迁建城市（镇）形态变迁	赵万民；朱猛	时代建筑	2006 年 04 期
14	基于社会网络重建的历史街区保护与更新研究——以重庆市长寿区三倒拐历史街区为例	赵万民；彭薇颖；黄勇	规划师	2008 年 02 期
15	三峡库区人居环境建设工作进展的考查	赵万民	中国发展	2004 年 04 期
16	西南小城镇风貌规划的有机性思维——以重庆市黄水镇风貌规划为例	赵万民；倪剑	小城镇建设	2008 年 10 期
17	古镇保护及其发展策略——以重庆丰盛古镇为例	赵万民；王剑	小城镇建设	2007 年 02 期
18	三峡沿江城镇传统聚居的空间特征探析	赵万民；赵炜	小城镇建设	2003 年 03 期
19	西阳土家民居聚落的地域特征	赵万民；李泽新	小城镇建设	2001 年 09 期
20	"巴"文化与三峡地域聚居形态	赵万民	华中建筑	1997 年 03 期
21	龚滩古镇的保护与发展——山地人居环境建设研究之一	赵万民；韦小军；王萍；赵炜	华中建筑	2001 年 02 期
22	龙潭古镇的保护与发展——山地人居环境建设研究之二	赵万民；许剑锋；段炼；李泽新；刘俊	华中建筑	2001 年 03 期
23	对地方性寺庙建筑及建筑群保护与修复的思考——以重庆梁平双桂堂为例	赵万民；毛芸芸	华中建筑	2009 年 07 期
24	三峡库区城市迁建合理用地布局问题——以巫山新城发展规划为例	赵万民	土木建筑与环境工程	1997 年 04 期
25	人居环境研究的地域文化视野探析	赵万民；王纪武	土木建筑与环境工程	2005 年 06 期
26	论乌江流域与三峡库区的城镇协调发展	赵万民；赵炜	重庆建筑大学学报	2005 年 02 期
27	人居环境发展中的五律协同机制研究	赵万民；周学红	城市问题	2007 年 01 期
28	"因势利导，天人合一"：西南地区历史建城经验对构建特色城市的启示	赵万民；李旭	建筑与文化	2011 年 12 期
29	对巴渝历史古镇保护的区域性认识	赵万民	重庆建筑	2003 年 04 期
30	龙潭古镇人居环境的保护与发展	赵万民；李泽新	重庆建筑	2003 年 04 期

文章特别强调：举世瞩目的三峡工程，当然首先要把大坝工程优质完成，这已非易事，不过还是较有把握的，但这不能认为整个工作已经大功告成了，如果期望答案能够得到高分，需要从人居环境科学研究的角度，对五个方面重大课题全面予以展开并妥善加以解决。为既要保证大坝工程顺利完成，又要做到前述五项重大课题能够全面综合地一一予以解决，就要求库区建设的各个时期上述五项工作应取得协调的进展，这就必须要有一个多学科参与的、保持各项工作相互协调的关于人居环境建设研究的规划，一一落实执行，并要高质量的完成。即保持库区的各项建设做到较长时期内可持续发展和近期目标的切实实现。在文章结尾，建议中国工程院、中国科学院与有关领导和部门推动落实上述重大课题综合研究的进行。

文章提出三峡人居环境建设科学思想和技术方法建议，在国家不同层面得到推进和落实：1995—1998年间，吴良镛院士组织中国工程院土木、水利与建筑工程学部院士三次深入到三峡大坝（笔者被特邀参加），指导和咨询关于三峡大坝人居环境建设和坝区景观风貌建设问题。1995—1996年间，吴良镛院士向三峡工程建设相关部门提出介于库区人居环境容量客观条件，不必限制于绝对沿江"就地移民"的原有安置政策，可视情况向库区纵深有机疏散人口，缓解库区"人地容量"矛盾，其建议得到国家相关职能机构在三峡库区移民安置中采纳。1997—1998年间，笔者向吴良镛院士报告了库区城镇建设提出"沿江一条路，沿路一排房，房前工商业，房后种口粮"的错误导向，吴良镛院士和周干峙院士及时向建设部相关部门提出应该制止沿江建设城镇和农村居民点的做法，避免形成沿江城镇化带、破坏库区生态环境结构和景观风貌、增大库岸地质灾害诱发倾向，建议得到有效采纳，沿江建房被及时制止。1995—1998年间，吴良镛院士等对三峡库区景观风貌、历史文化遗产保护进行咨询和顾问建议；1997—2009年间，作为专家顾问，吴良镛院士、周干峙院士等对三峡库区移民工程和城镇迁建移民安居工作等，进行专家建议和咨询，其间，笔者与清华大学左川教授参与了中期三峡移民和城镇迁建工程检查和验收工作。

1996—2018年的20多年时间，笔者在三峡人居环境和西南山地人居环境的建设中持续研究，探索中国城镇化发展进程中山地人居环境建设的科学创新道路，笔者能够在西南山地、三峡库区持续研究工作中，方向得以正确、队伍有所成长、成果有所积累、学术有所建树。

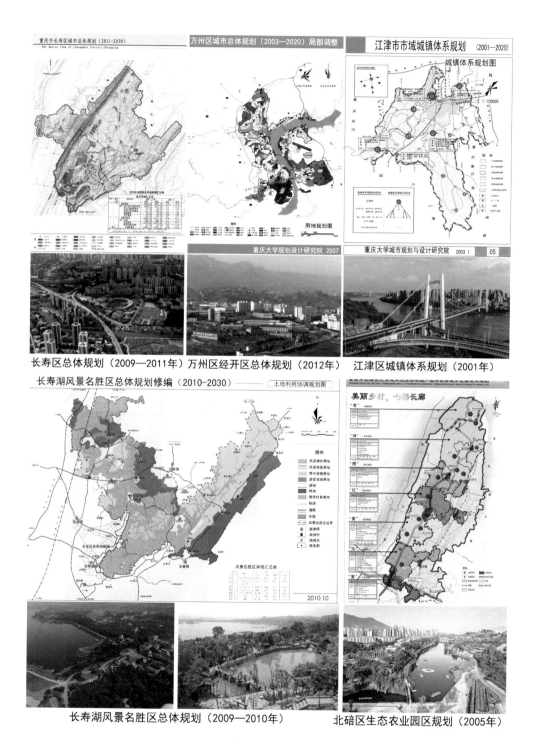

长寿区总体规划（2009—2011年）　万州区经开区总体规划（2012年）　　江津区城镇体系规划（2001年）

长寿湖风景名胜区总体规划（2009—2010年）　　北碚区生态农业园区规划（2005年）

三峡库区城乡总体规划及建设实践，项目主持人：赵万民

长寿总规、万州经开区总规、江津城镇体系规划、长寿湖总规、北碚生态园区总规

2001—2015 年

三峡工程的水利枢纽建设和库区的移民安置工作，已于 2009 年基本完成。但是，三峡库区人居环境的可持续发展，则是一项较长时期的工作。党和国家领导人高度重视三峡库区的社会稳定、移民安居致富、新人居环境的健康发展。近年，国家将三峡库区的产业重构、移民安居乐业、生态环境保护建设、历史文化保护和发掘等工作，作为"后三峡"时期的重要课题加以研究支持和财政扶持。2011 年，国家计划分期再拨入 1400 亿元人民币用于三峡库区后期建设的财政投入，经费额度相当于整个三峡工程建设时期的投入额度，由此可见，国家对三峡库区人居环境可持续发展的重视程度和经济支持程度。

近期，中央十分重视三峡库区和长江生态带的保护和建设工作，2016—2018 年间，习近平总书记多次考察三峡库区，指出要进一步加强对三峡以及长江流域的生态环境保护工作："三峡库区要坚持生态优先，绿色发展，落实长江中下游地区的生态环境屏障和西部生态环境建设重点的战略定位。"

《三峡库区新人居环境建设十五年进展
1994—2009》
国家自然科学基金重点资助研究项目
（2011 年 3 月）

26 年前，三峡库区人居环境可持续发展的科学思想，与今天中央领导提出的三峡生态保护和长江生态屏障建设可持续发展思想，竟十分吻合，说明了三峡工程与人居环境建设学术研究的前瞻性、客观性及其科学贡献价值。

3　西南山地和三峡库区人居环境建设理论与实践探索

笔者自 1996 年夏回到重庆，经过近 25 年探索与实践，创建团队，以吴良镛院士人居环境科学为思想基础，逐步建立和发展对山地人居环境研究的理论方法和实践认识。

1997 年，笔者获得第一项国家自然科学基金研究课题的资助："三峡库区城镇迁建的城市设计方法研究"；续后，在 1997—2018 年间，笔者带领团队，逐步开展了关于"西

长寿江南"社区集约"移民小区
（2008—2009 年）

石柱城东"城乡统筹"移民小区
（2010—2011 年）

长寿云台"生态散居"移民小区
（2008—2009 年）

开县白鹤"社区集约"移民小区
（2010—2011 年）

石柱悦崃"城乡统筹"移民小区
（2009—2010 年）

开县赵家"城乡统筹"移民小区
（2009—2010 年）

石柱黄水"城乡统筹"移民小区 （2008—2010 年）

三峡库区移民安居规划建设工程，项目主持人：赵万民

"十一五"科技支撑计划：国家重大工程移民搬迁住宅区规划设计技术标准集成与示范，

核心成果参加科技部"2011重大科技成就展·北京"

2007—2014 年

南山地城镇规划设计适应性理论与方法"系列研究（国家重点基金、面上项目、博士点基金等资助）❶，深入讨论了山地城镇化、流域人居环境建设、山地城市设计、人居环境信息图谱、山地历史城镇保护等科学技术问题，形成系列理论创新成果；

《三峡库区人居环境建设发展研究》
国家自然科学基金重点项目结题报告之一
（2015 年 3 月）

2000—2018 年间，开展了西南山地"旧城更新土地集约利用关键技术""三峡库区移民工程建设示范关键技术""山地城镇高密度空间优化关键技术""山地生态安全型社区建设关键技术"等系列研究（国家支撑计划课题"十五""十一五""十二五"资助），深化和完善了关于山地人居环境科学方法研究的理论探索工作，形成相应的系列技术创新成果。较长时期的学术积累，使山地研究工作成为人居环境科学整体研究框架中的有机组成部分。

关于山地人居环境建设"适应性"理论的认识：笔者将人居环境科学的理论方法与西南山地城镇化发展特殊性相结合，探索解决我国山地城乡规划建设理论缺失和科学研究技术瓶颈问题，在此学术思想的推动下，不断耕耘，形成相关西南山地人居环境理论研究的工作积累，如先后出版《山地人居环境七论》《西南地区流域人居环境建设研究》《聚居的体验》《山地大学校园规划设计的理论与方法》《巴渝古镇聚居空间研究》等理论著作；在三峡库区城镇迁建和移民安居"地域性"理论研究方面，笔者将人居环境科学理论与三峡库区特殊城镇化发展具体需求相结合，探索解决三峡工程大规模城镇迁建、移民安居的规划理论和设计方法问题，出版学术著作《三峡工程与人居环境建设》《三峡库区人居环境建设发展研究——理论与实践》《三峡库区新人居环境建设十五年进展 1994—2009》等。这些理论研究成果，在学术界产生相应影响，对西南山地和三峡人居环境建设工作，形成一定的科学价值。

❶　在 1997—2017 年间，笔者作为项目主持人，以三峡和西南山地人居环境建设为研究选题，先后共获得国家重点、面上、会议基金 6 项，教育部博士点基金 4 项，国家科技支撑计划课题 6 项等研究支持，有力地支撑了笔者研究课题的内容开展、全国层面的学术交流以及学科团队的建设和发展。

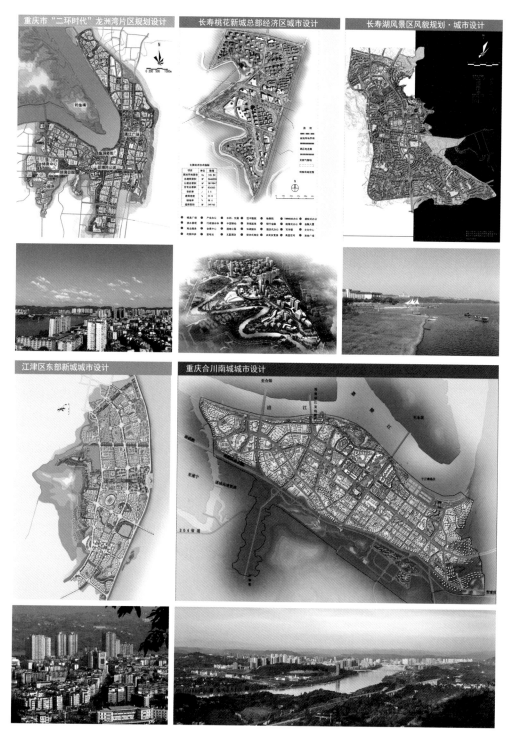

三峡库区城市规划·设计项目实践，项目主持人：赵万民

2006—2015 年

关于山地人居环境建设"地域性"工程技术实践：笔者探索西南山地和三峡库区特殊生态环境下城乡规划与建设实践问题，希望对山地复杂地形下城乡规划设计关键技术及应用有所创新。以西南区域城乡规划建设工程为范例，应用山地簇群空间模式和技术方法，为山地人居环境建设提供技术方法和工程经验；创新山地人居和谐与宜居安全关键技术，探索解决山地城乡规划土地集约利用、山地生态安全建设工程技术等问题。针对三峡库区城镇迁建与移民安居关键技术，笔者探索库区城镇规划"簇群"空间形态规律，实现城镇搬迁扩容效应多尺度技术模式，形成库区新城镇建设"适应性"规划建设工程经验，并完成多项国家移民安居工程项目的建设示范实践。

"三峡库区人居环境的可持续发展"
包含三个相互关联的方面：
社会可持续、生态可持续、经济可持续

山地人居环境的学术研究成果，得到同行专家们的较高评价："创造性地应用并发展了人居环境科学理论，为解决三峡库区的人居环境建设问题提供了规划设计方法与技术支持，属国内首创，整体上达到国际领先水平。"（教育部科技进步一等奖成果专家鉴定意见，组长周干峙院士、邹德慈院士，2013年）

吴良镛院士评价：西南山地人居环境科学研究，是"中国人居环境科学从概念走向实践，不断丰富"，取得的一项"实质性进展"；（吴良镛等《人居环境科学研究进展》，2011）"赵万民同志对三峡人居环境课题持续研究，做出可喜成绩；希望赵万民同志能坚持把这一课题深入下去，取得进一步成果。"（吴良镛《良镛求索》中国工程院院士传记，2016）

4　三峡库区人居环境建设研究的持续工作

三峡工程的水利枢纽建设和库区的移民安置工作，已于2009年基本完成。但是，三峡库区人居环境的可持续发展，则是一项较长时期的工作。党和国家的领导人高度重视三峡库区的社会稳定和人居环境的健康发展。

三峡库区长寿城市人居环境建设实景（2018年9月）

三峡库区丰都城市人居环境建设实景（2018年7月）

三峡库区万州城市人居环境建设实景（2018年7月）

三峡库区城市人居环境建设实施情况（长寿、丰都、万州）

作者摄，2018年

三峡工程移民迁建和库区城镇化的发展，自1992—2012的20年建设，工作初步完成，取得了预期效果。但是，库区人居环境建设的可持续发展，则是一项较长时期的任务。主要问题归纳如下：

（1）三峡库区城镇化发展与全国协调同步的问题：三峡工程促进了该地区产业和经济结构的大调整和大发展；形成了一个转型时期，客观上导致库区出现"产业空心化"现象，人民群众的收入水平和生活质量有所下降，目前正处在恢复阶段。

（2）百万移民的迁徙，城镇人口的非自然增长方式形成了三峡库区的特殊城镇化过程，城镇用地和人口规模快速扩张，人地矛盾突出。特殊城镇化面对山地复杂工程条件，必须解决城镇迁建、用地布局和发展、综合交通以及市政设施建设后期的"适应性"瓶颈，以及库区城市、镇建设的品质提升问题。

（3）水库建设和运行产生了区域生态结构的大调整。出现了"高峡平湖"新的生态景观格局，库区人口集聚、水流变缓、污染加重，生态环境面对新的平衡、建设和长期维育问题。

（4）三峡库区移民迁建是一项特大安居工程，显著改善了库区人民群众的生活和居住环境，但是，库区目前的人口就业仍然是问题，库区目前人均收入仍然明显低于全国水平。库区面临"安居乐业""稳定发展"和"逐步致富"的问题。

（5）三峡库区自然风景资源、传统文化与历史遗产破坏严重，库区城市、镇的建设千城一面，品质建设任重道远。

三峡库区人居环境建设和可持续发展问题，是我国长江流域地区城镇化发展的重要科技工作和社会文化的建设工作，越来越多的情况表明，从区域城镇化、流域生态与安全、山地城镇建设的科学性与技术性等综合方面，三峡库区人居环境建设的可持续发展状态，与我国中西部地区的社会、科技、文化、城乡发展、生态文明等建设紧密相关，是我们城市规划和建筑事业工作者需要持续关注的科学技术工作和社会责任。

三峡库区长寿城市建设情况（2018）

三峡库区涪陵城市建设情况（2018）

三峡库区巫山城市建设情况（2018）

三峡库区云阳城市建设情况（2018）

三峡库区新人居环境建设实施情况

资料来源：山地人居环境学科团队资料调查

作者摄，2018 年

3 探索西南山地人居环境创新发展道路

1 山地城镇化发展时代命题

1.1 世界城市化进程与山地发展

人类已经进入城市时代。相关资料显示，以 2008 年为临界点，全球第一次出现超过一半的人口（城市人口 34 亿；总人口 66 亿）居住在城市中。联合国人口部门（UNDP）估计，到 2050 年，即便在最不发达国家和地区，也将有三分之二人口居住在城市[1]。在可预见 2030 年，世界总人口将达到 80 亿，城市人口将达到 40 亿[2]。其中，中国人口将达到 14.2~14.3 亿[3]，城市人口将有可能超过 10 亿。

在中国城镇化由东向西的推进过程中[4]，东部地区城镇化平均水平总体高于西部

[1] 资料来源：urban solutions——Sustainable Urban Futures:Challenges and Ambitions, by Hans van Ginkel, Utrecht University.《城市与区域规划评论》，2012/1 总第一期，南京大学城市规划与设计系主办。

[2] 日本现在已经达到 90% 的城市人口，拉美国家城市人口不少于 80%。到 2020 年，估计印度尼西亚城市人口可达到 60%，中国 50%，联合国人口部门（UNDP）估计，到 2030 年，甚至非洲都将超过 50% 的城市人口。资料引用同上。

[3] 资料同上。

[4] 改革开放以来，伴随着工业化进程加速，我国城镇化经历了一个起点低、速度快的发展过程。1978—2013 年，城镇常住人口从 1.7 亿人增加到 7.3 亿人，城镇化率从 17.9% 提升到 53.7%，年均提高 1.02 个百分点；城市数量从 193 个增加到 658 个，建制镇数量从 2173 个增加到 20113 个。国家战略认为应快培育成渝、中原、长江中游等城市群，使之成为推动国土空间均衡开发、引领区域经济发展的重要增长极。但与此同时，中部地区是我国重要粮食主产区，西部地区是我国水源保护区和生态涵养区。培育发展中西部地区城市群，必须严格保护耕地特别是基本农田，严格保护水资源，控制城市边界无序扩张，控制污染物排放，切实加强生态保护和环境治理，彻底改变粗放低效的发展模式，确保流域生态安全和粮食生产安全。参见：国家新型城镇化规划（2014—2020 年）。

三峡库区·龚滩新人居环境

山地人居学科团队规划建设实践项目，2000—2015 年

作者摄，2017 年 7 月

地区。概略地划分，东部的城镇化水平在 2020 年可达到 60% 左右，而西部的城镇化水平大约在 40%。从国家城镇化战略出发，下一步城市（镇）发展的工作重心将转向生态文明建设和应对城市（镇）人口的继续增长。此外，消除城乡二元对立，促进区域协同发展，维护人居环境生态本底，也成为城乡规划工作新的要求和挑战。

在国际上，山地城市建设历来就受到重视：山区面积占全球陆地面积的一半以上，全球 1/3 以上的人口居住在山地。山地是人类赖以生存的自然和环境资源的宝库，也是重要的生态依托和生态屏障❶。而在中国，山地面积更达到 2/3❷，这就意味着没有山地区域的现代化，就没有中国的现代化。因此，中国的城镇化发展，避免不了山区城镇化的发展和问题研究。据此，山地人居环境科学研究，是具有国家战略高度的重要领域，是国家新型城镇化、中长期科技发展计划的目标和任务。国家提出了"生态文明""美丽中国"等发展目标，给我国城乡人居环境建设确立了新的高度。其中，山地人居环境科学的理论创新、工程实践、高端人才培育，是不可或缺的重要工作。

国家提出"生态文明"和"美丽中国"愿景，给山地城乡规划和建设工作者提出了全新的、具有挑战的课题。如何在进行西部地区城镇化发展的同时，保持良好的生态环境不遭致破坏，美丽的山川河流得以保护，地域的优秀文化得以传存，人居环境的建设品质不断提升并可持续发展，是广大山地城乡建设者需要理论探索与实践的重要科技工作。

自人类诞生以来，就有了山地生活的经验和基础，也积累了丰富的山地人居环境建设的科学理念和方法，创造了丰富多样的山地城乡空间环境，为我们留下了宝贵的历史遗产。

我国山地区域的城镇化发展问题，既是制约国家发展的瓶颈和难点，也是城乡建设研究和科技人才布局的空白。与此同时，相关学科在山地城乡建设方面，缺乏理论体系储备，存在诸多问题。如，突发灾害（汶川、玉树等地震；舟曲等泥石流）、

---

❶ 自人类诞生以来，就有了山地生活的经验和基础，也积累了丰富的山地人居环境建设的科学理念和方法，创造了丰富多样的山地城乡空间环境，为我们留下了宝贵的历史遗产。世界上相当部分人类聚居的地区是在山地，如古希腊、古罗马时代的城市（镇）选址是在山地；欧洲相当部分城市（镇）是山地的城市（镇）；在南美、在东南亚、在日本等，山地聚居占城市（镇）的大多数。

❷ 中国是一个多山国家，山地比例达 69%，山地人口比例约占 1/3。山区战略地位重要。全国主要矿产、能源、森林等资源绝大部分分布在山区，山区也是平原地区的主要资源供给地和生态屏障，山地城乡规划建设直接影响到我国经济社会的整体发展和"生态文明"建设的进程，也是"美丽中国"建设的关键区域。以城镇聚居形式体现的居住问题已经成为国家的基本问题。近 30 年来的城镇化进程显示，2011 年城镇化水平达到 51.3%，城镇人口接近 7.0 亿，居住在城镇的人口首次超过农村地区，其中山地城镇容纳了 3.1 亿。初略估计，未来 30 年全国还将有 4.0 亿人从乡村进入城镇定居，山地城镇居住人口将达到 5.4 亿人。

西安半坡人类早期聚居环境复原图

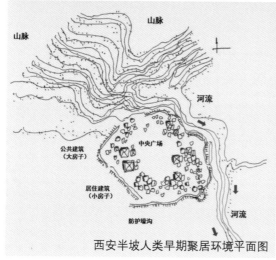

西安半坡人类早期聚居环境平面图

渭河流域山地环境图

早期人类聚居环境山水关系构成图

陕西博物馆

作者摄，2002 年春

三峡移民（社会、移民工程和安全稳定等）、南水北调（选址和生态保障等）、环保和生态工程（滇池治理、三江源生态修复等）、工程安全（山地建设、市政交通等）、山地城镇化（面对突如其来的城镇化，土地浪费、生态环境破坏等），都是具有国家战略高度的重要课题。当前，不合理的建设遍及山区；生态和资源破坏严重；以平原方式概论山地；地域文化加速丢失，千城一面，问题很多。面对这些情况，学界尚缺乏系统化、协同化、融贯化的理论研究体系和高端人才队伍集群。这种情况显然不能适应和应对国家层面的战略需求和科技工作的深入开展。

《山地人居环境七论》
国家自然科学基金重点项目结题报告之二
（2015 年 8 月）

山地区域自然条件相对艰苦，城镇建设的基础条件薄弱，信息、交通不畅，人才缺乏且不稳定，增加了工作的难度。与此同时，国际相关理论缺乏对中国城镇化发展特殊性和地域性的基本理解，而近三十年中国城镇化的超常规时空发展速度更是割裂了中外城镇化发展模式的学术共识。我国山地人居环境科学体系的创新和人才队伍培养，不得不建立在"自力更生""因地制宜"的基础上。因此，我国山地人居环境科技事业的发展和人才队伍成长，是新型城镇化和生态文明建设不可回避的重要内容和紧迫任务。

新时期我国城镇化由东向西的推进，使西部地区面临空前的城市和乡村大建设和大发展。由于山区经济条件和交通阻隔等特殊原因，经济增长和科技文化水平的提高，容易在城镇化综合条件较好的大城市地区实现。而广大偏远的城镇和农村地区，则发展缓慢，落后的状况仍然明显。因此，区域性城镇化发展不平衡，山地城乡建设的适应性理论缺乏和技术水平落后，人才匮乏，环境和生态等问题逐步显露出来，将会是影响山地社会经济发展和城镇化建设的一个瓶颈。

1.2 从山地聚居到山地人居环境科学

山地是一个地理学的概念，是指具有一定海拔高度和坡度的地形地貌。山地有

华山·东峰
2005 年 6 月

广义和狭义之分。狭义的山地包括低山、中山、高山、极高山；广义的山地除狭义山地范畴外，还包括坡地、丘陵和高原❶。本文所论"山地"，是指广义的概念，即人类聚居行为所能涉及的范围❷。在英文名词中，本文所指的山地概念可以对应：Mountain（山或高山），Hillside（坡地或丘陵）。本文所论山地聚居，是指人类聚居的生活行为依存于和作用于非平坦用地及其环境之上（mountain 或者 hillside）。

山地的聚居可以概略地分为两种情况：①人类聚居的空间形式（城市、城镇、乡村）聚落于起伏不平的地形地貌之上；②人类所营建的生存环境（城市、城镇、乡村），虽局部平坦，但整体格局居于山水环境的包围之中，人类的生活方式，受山水环境的作用和影响。

山地人居环境的学术概念，是对"人居环境科学"学术概念的引申。借鉴人居环境科学思想，山地人居环境研究核心内容是人类聚居行为与山水环境的构成关系，讨论在山水环境中人的聚居行为发生、发展的客观规律，以及可持续发展的意义❸。

构成山地人居环境研究的主要元素：人、山、水、城（聚落）。

人居环境科学是一个开放的学科体系，是围绕城乡发展诸多问题进行研究的学科群，因此学术上称之为"人居环境科学"（The Sciences of Human Settlements）。正因为人居环境科学是一个开放的体系，研究工作的重点是放在运用人居环境科学的基本观念，根据实际情况和要解决的实际问题，做一些专题性的探讨，兼顾对基本理论、基础性工作与学术框架的探索，两者同时并举，相互促进❹。

山地人居环境科学问题的提出和研究，是建立在人居环境科学思想基础上，通过多年的西南山地城乡建设理论探索和地域化实践，根据当前我国城镇化发展走向山区的客观情况，发现山地的城乡建设需求和理论体系建设工作的科学问题和工程技术需求而做的探索性工作。

如下方面是关键问题所在：地域聚居及其文化和生活方式的延续和发展；从流域的角度讨论山地聚居和生态的建设；山地城镇化中城乡统筹建设和发展；山地人

---

❶　参见中国地图出版社编辑部：《中国综合地图集》，北京：中国地图出版社，1990 年。

❷　中国广义的山地面积约 650 万 km²。其中，山地面积（包括极高山、高山、中山、低山）为 33%，丘陵面积（包括高丘、低丘）为 10%，高原面积为 26%，参见同上。

❸　吴良镛院士关于"人居环境科学"的研究，是这样界定它的学术性："人居环境科学（The Science of Human Settlements）是一门以人类聚居（包括乡村、集镇、城市等）为研究对象，着重探讨人与环境之间的相互关系的科学。它强调把人类聚居作为一个整体，而不是像城市规划学、地理学、社会学那样，只涉及人类聚居的某一部分或是某个侧面。学科的目的是了解、掌握人类聚居发生、发展的客观规律，以便更好地建设符合人类理想的聚居环境。"

❹　参见吴良镛：《人居环境科学导论》，"人居环境科学丛书"缘起，北京：中国建筑工业出版社，2001 年 10 月。

三峡·彭家寨民居

三峡·宁厂民居

重庆·瓷器口

三峡·恩施少数民族建筑

阆中·嘉陵江

三峡·龙潭人居环境

重庆·龙潭古镇

重庆·安居古镇

西南山地人居环境传统文化的传承发展

作者摄，1996—2018 年

居环境建设空间形态的规律性内容；山地城市（镇）建设的安全与防灾减灾；山地城市（镇）建设的特殊工程与技术方法；等等。因此，笔者希望从山地人居环境建设的实际需求出发，构建理论体系，理顺学术思路，发展学科的延展性和融贯性，形成框架性的科学论述。

1.3 传统建筑、规划学科的科学局限性

"人居环境" 科学思想的建立，是沿自对大建筑学科（建筑、城市、园林）在现代社会的发展中，其科学性、系统性、融贯性不足的认识和思考，从广义建筑学发展到人居环境科学。"随着时代的发展，建筑学必要拓宽，这是历史发展的必然。在当今多学科并行发展的时代，我们更要自觉地以'融贯的综合研究'，拓宽本专业的业务领域，因此，我称之为'广义建筑学'（Integrated Architecture）……广义建筑学与人居环境科学的哲学与方法论基础是一致的，都是以聚居环境（human settlements）为出发点，对传统学科自身的拓展。人居环境科学研究更超越了建筑科学，谋求人居环境各学科领域的交叉与融合。"❶

由于建筑规划学工科、艺术与人文交叉的学科特性，在学科理解中，容易被科学技术界归类是偏软的学科。我国当代建筑和规划学科的发展，从20世纪进入资本主义的"民国"早期始，较多的是学习和模仿了西方建筑的教育体系❷。新中国成立以后，梁思成教授等一代前辈学者，希望从中国传统的古典建筑学理论体系和匠作实践中发掘内涵，吸取营养，梳理框架，与当时世界的建筑理论走向相结合，试图建立能够立足于世界建筑学领域的中国当代建筑学思想。但是，由于时代的局限性，梁思成教授等的学术思想未能得以推行、深入和发展，成了时代的遗憾❸。改革开放后，新中国迎来了从未有过的大建设和大发展时期，接下来是城市（镇）化的快速发展时期，30多年的高速发展，中国的城市建设和建筑事业的发展，取得了巨大的成就。但是，物质事业的发展，并不能取代理论思想的深入，在广大建筑学人疲于"方案创作"和"施工图"赶制的时候，对我国建筑学思想体系的建设和理论思考，却多有荒废。设计公司、房产企业门庭若市，而理论研究场所门可罗雀。建筑学的

---

❶ 参见吴良镛：《广义建筑学》，北京：清华大学出版社，1989年。
❷ 20世纪初的中国当代建筑教育体系，是沿自对"欧美学派"的学习和引进。梁思成、杨廷宝等早期前辈学者的建筑学和建筑教育的理论思想，是沿自欧美的学习，并在祖国的土壤上有所生长和发展。
❸ 梁思成教授希望中国传统文化与西方当代建筑体系相结合的"大屋顶"形式及其理论，在20世纪50年代遭到严重批判；梁思成教授对于中国传统建筑和城市历史文化遗产保护的思想，在"文革"被中断。

雅典·山地人居环境

2013 年 10 月

　　"雅典卫城"是西方古典建筑学山地营建的典范，即便面对今天的遗址，仍然能够感受到昔日夺目的空间品质和美学光彩，王者之风犹存。

——作者注

大学教育研究环境，其价值去向也几乎等同于社会市场的缩影。因此，近30年的城市建设和建筑事业的发展，我国建筑规划学科理论思维和思想体系的建设发展，远远落后于建设实践的发展。

而在国家和国际的科学与技术层面，理论体系的创新和科学思维的突破，日新月异，几乎代表了时代的发展。在与建筑学科相关的领域，兄弟学科的发展，如结构形式的创新、材料科学的突破、地下空间开发利用的新技术、建筑节能和生态建筑的理论创新、信息技术在城市和建筑体系中的全方位融入和运用、智慧城市的前沿理论和实践，等等，其科学思想和理论体系的发展，都是以理论创新和科学体系建设为目标的，紧紧跟随着时代的发展。与此同时，国家的重大科研支持，如国家自然科学基金重大项目、国家重大科技支撑计划项目等，跟踪和瞄准具有国家和国际前沿理论创新和实践突破的领域，并持续支持和关注。遗憾的是，多少年来，这些国家层面具有科学创新高度的计划项目，大都与建筑学科无缘。

传统的建筑和规划学科由于自身文化和艺术的独特性，以及建筑和规划创作的自我意识和理想目标追求的评判方式，往往容易自我欣赏，或者夸大建筑和城市形式美和艺术形式的独立价值和精神作用，将自己作为行为主体，看低或忽视与其他学科的相生关系；容易孑然独立于科学与技术之外；也容易忽略在现代社会发展中科学和哲学体系的建立与科学技术界的融合发展关系，往往失去了与"科学""技术"融合而获取更大的、具有创造性的"双赢"空间的场景，因此，也缩小了领域和视野，长期如此，科学与技术界与传统建筑和规划学科的发展互无沟通，互无了解，建筑和规划学科似乎逐步淡出国家科学与技术的主流话语平台。这在国家重大科技项目、高端人才培养（长江学者、杰出青年、院士等）、学术话语权（媒体、杂志等级、SCI国际影响力）等方面，都可以看到建筑和规划学科的非主流地位和价值作用。这是传统建筑和规划学科在我国科学和技术领域始终被认为"偏软"的主要原因，是建筑大学科科学研究的弱点和盲区。

2 山地人居环境研究的学术认识

2.1 国内外研究基础

自20世纪70年代以来，国际上广泛展开了对山地区域开发和保护的研究，这

古希腊时期雅典城市"人居环境"复原想象图

铜版画，作者收藏于雅典卫城艺术画廊

2000 年 12 月

些研究在理论探索和实践指导上都带有相当的综合性和超前性，并在后续的发展中体现出它们重要的价值作用。1973年，联合国教科文组织《人与生物圈计划》（MAB）中把"人类活动对山地生态系统的影响"的研究列为该计划中的一项重大课题，主要从山地区域人类活动的特殊性出发，探索研究山地生态系统在人类活动影响下的演变发展规律。1974年，国际发展基金会和国际地理学会山地地理委员会在慕尼黑举行了国际山地环境发展会议并发表了《慕尼黑宣言》，揭示了世界许多地区森林破坏、侵蚀加剧、环境恶化的严重情况，号召全球提高保护山地生态环境的意识和加强山地生态环境问题的合作研究，相当话题涉及人与自然的和谐关系。1976年，在美国马萨诸塞州坎布里奇市召开了有关山地环境问题的国际讨论会，再次强调了加强各国山地研究机构协作研究的必要性，并发表了《坎布里奇宣言》。

1980年，在联合国教科文组织倡导下，正式成立了国际山地学会（IMS），其宗旨是"为谋取人类和山地环境与资源开发之间的良好平衡而奋斗"，并于1981年出版了《山地研究与发展》（Mountain Research and Development）刊物。1983年，于尼泊尔首都加德满都建立了国际山地综合发展中心（International Center of Integrated Mountain Development, 简称ICIMOP），开展了有关山地自然资源利用与管理、山地城镇与基础设施建设的开发与研究工作。1992年世界环境与发展大会以后，人们对人与环境关系的认识提升到一个应有的高度，国际上达成可持续发展共识，许多国际组织都加强了对山地可持续发展的研究。1994—1998年间，欧共体环境与气候行动计划把山地生态系统作为全球特殊的重要生态系统，从资金上加大支持研究的力度；时任联合国秘书长安南宣布2002年为"国际山地年"，山地可持续发展是21世纪全球环境与发展的一项重大事件，是全球实施《21世纪议程》的重要任务之一；"国际地圈与生物圈计划"（IGBP）提出：通过综合的途径观察、模拟和研究山区变化的现象、过程及其对社会经济系统的影响，成为世界范围内山地区域的规划建设的重要研究课题。与此同时，不同地区的学者和组织，基于自然环境、历史文化构成、人居环境形态、社会生活风貌的差异，开展山地相关问题的研究，建立具有地域特色的山地开发模式和建造技术支撑体系。

综观国际关于山地研究的学术动态，概括起来主要集中在山地城镇用地生态评价模式与指标体系的研究、山地建设的安全性研究、山地城镇建设的环境影响评价

雅典卫城·帕提农神庙

2017 年秋

研究、山地城镇空间布局的研究、山地区域交通规划与设计及其技术问题的研究和山地历史文化遗产保护研究等方面。

中国对于山地问题研究，自古有之。从尊重环境和山地生态出发，进行城市和建筑的建设活动，有据可考到春秋时期的建城思想上❶。中国山水城市思想的本质是人与环境的和谐，人类建设活动对自然环境的有机利用。这种传统山水理念与实践的城市建设活动，在我国山地区域，有很大的影响，并一直延续到资本主义进入我国以前。现代工业的产生，人口在城市集聚，城市交通形态改变，城市环境问题出现，使中国传统的山水城市思想和实践活动遇到了冲击而改变了轨迹。山地环境、生态、城市规划与设计、工程建设的自身作用以及对更广大范围的综合影响，尤其是 20 世纪 80 年代后的城市化发展，使得山地城市规划理论和实践成为一个领域，越来越受到国家管理层面和学界的重视。

20 世纪 50 年代以来，我国的山地城市建设研究工作取得了相应的进展，其研究的领域大致可以分为三个方面：①山地地域的综合研究，对其地理环境的形成演变、山地灾害发生发展规律以及防治技术体系、山地区域可持续发展等积累了大量成果；②山地工程技术的综合研究，主要集中在建筑工程场地、道路桥梁工程、水利枢纽工程、市政设施工程、环境整治和保护等方面，取得了一定工作积累；③山地城市规划和建筑学的综合研究，在传统的研究方式上是以形态为主体，研究城市和建筑群的空间构成和使用功能，相当时期成为学术观点和科研体系的主体内容。

但是，也存在局限性：一方面，人与环境的关系问题未能得到充分的认识；另一方面，我们的城市规划受《雅典宪章》影响，将城市功能划分成"居住、工作、游憩、交通"四个方面，仍然是从形态出发讨论城市及建筑空间的功能问题，少有论述"城市、人、环境"的构成关系，以及生态质量上的认识和可持续发展意义上的思考。

20 世纪 80 年代末 90 年代初，借鉴外国的理论和经验，国内学者充分认识到人与环境关系对我们城市、建筑的重要性，提出"广义建筑学"和"人居环境科学"的学术思想并倡导实践，认为：城市规划和建筑学本质是探索人与自然之间构成关系，把握其发生、发展的客观规律，从而建设为人们生活所需要的高质量人居环境。

---

❶ 中国管子的建城思想，即是源于自然生态的思想，是针对自然环境条件，"因天时，就地利，城郭不必中规矩，道路不必中准绳"。

阆中人居格局图

阆中生态格局图

阆中传统城舆图·清

阆中山水形胜图

阆中城池保护图

阆中整体山水人居环境

四川阆中山水人居环境考察
作者资料
2015—2018 年

阆中古城于 1983 年春由四川省建设厅建议，申报第二批国家级历史文化名城。赵万民当时在四川省城乡规划设计研究院工作，1983 年 3 月至 7 月，由四川省建设厅规划处派往阆中，参加古城保护规划文件的编制工作。省建设厅规划处组织领导：刘方、杨明林；地方主要参加人员：县建委主任周有德、副主任邓世元、建筑设计室主任姜清林、工程师张申景、赵映祥、苟朝武、王允明等。赵万民组织地方规划技术人员承担了古城保护规划及相关图册绘制工作。

阆中申报工作获得成功，1986 年，阆中县城被建设部列为第二批国家历史文化名城。

——作者注

在山地问题的研究中，对于生态环境重视的意义，以及人与自然相互作用价值关系的认识和研究，比非山地区更为重要。对于山地人居环境的有机构成，自然环境的支撑作用使"城市—建筑—地景"三位一体关系更加具有本质联系而不可分割。

我国的山地环境在全国都有分布，各地域相关山地城市规划和建筑学的理论研究和实践都有所开展，如西南地区、华南地区、闽浙地区、楚湘地区、甘陕地区等，各地域的学者结合自己的自然环境条件、文化特点、地理气候、材料构成、生活需要等，进行了卓有成效作探索与理论实践活动，形成各地的理论体系和学术流派。

以山地人居环境最为集中，环境和生态问题最为突出、流域资源丰富，对中下游地区影响最大当属西南地区。国家西部大开发、城乡统筹发展、生态文明建设，建构和谐社会的战略部署，使西南地区的建设和发展成为核心。山地人居环境建设的理论研究和实践，也面临责任和挑战。

2.2 人居环境研究的地域化发展

按行政区域划分，西南地区包括四川、云南、贵州、重庆、西藏辖区范围。但按文化地理特征划分，还应扩展至湘西、鄂西、陕南、桂北等山地地区。总体而论，这些地区，城市和乡村的人类聚居形态、地形地貌、气候特征以及生活习性，具有共同性。历史上看，西南区域地方富庶、人文荟萃、人居环境形态独特。同时，这一地区又是人地关系紧张、生态敏感、工程地质复杂、灾害频仍的典型地区。

在城市（镇）化的进程中，西南地区集中了东、西部的差异，以及山地与平原差异的两种特征。城市群集地区经济相对发达，农村山区经济状况落后的反差大，如重庆直辖市中心城区和三峡库区，成都平原地区和四川广大山区，昆明城市集群地区和滇西南、西北的广大山区，以及黔东南和湘西等少数民族山地聚居区域。

当前区域的经济增长和社会文化水平的提高，多集中反映在首位度较高的大城市地区，大量城镇和农村地区发展缓慢，落后的状况仍然明显，大城市与小城镇地区的建设水平差距在加大。区域性城市（镇）化不发达，城市、镇建设的适应性理论缺乏和技术水平落后，人才资源匮乏，是影响西南山地社会经济和城乡建设发展的一个瓶颈。西南山地人居环境建设面临的问题，可从以下几个方面进行讨论：

（1）长期以来，对于山地城镇规划问题的研究缺乏足够重视，理论积累和实践总结十分有限，技术力量也很薄弱。造成简单的搬抄平地的做法，而忽视山地条件

阆中山水人居环境空间形态

阆中历史文脉传承

阆中嘉陵江滨江岸线

阆中华光楼历史街区

阆中传统街区城市轮廓

四川阆中山水·文脉人居环境考察

作者摄，2015—2018 年

的多样性、综合性和复杂性。山地城镇规划与建设理论和方法（包括书目、教材、规范、标准等）原本缺少，且大多老化，计划经济时代的成分太重，难以适应现代山地城市、镇规划和建设快速发展的需要。

（2）山地当代的社会经济和科技文化发展，慢于平原地区，国家城镇化进程的总体趋势是由东部影响西部。对经济和文化落后的地区而言，城镇化推进和影响的作用，以超常规和跨越式的形式到来。山地区域往往在尚未有足够物质和文化准备的情况下，而被动的推入现代经济和文化发展的行列，地域的、本土的、特殊物质和文化形态内容，在这一过程中受到冲击，自身的文化传承和技术方式，消失殆尽，丧失了个性。

（3）山地在地形、生态、工程等方面的复杂性和综合性，增加了解决问题的难度和经济投入的比重（包括创作思维和技术方法两方面），在经济困难的情况下，最易将解决问题的方法简单化、模式化和浅薄化：重赢利而损资源，重眼前而损长远，重局部而损整体，重物质而损文化。这种不可持续的发展行为，在山地城市、镇化的过程中是价值观问题，同时，文化认识又有错位和缺失。

山地人居环境科学研究：获住房和城乡建设部华夏建设科技一等奖（2017年）

在我国城市化进程的大趋势中，西南地域的城市（镇）化进程加快（如重庆直辖市的渝西地区、川西富庶地区已达50%，云南、贵州城镇带密集区也已超40%），按照城镇化发展规律，借鉴我国东部地区发展的经验，进入"加速阶段"后的城市（镇）化发展的速度是快速的，城市（镇）人口的积聚和土地的扩展是迅猛的、超常规的。

如何在进行城市（镇）建设同时，良好生态环境不遭致破坏，地域优秀文化得以传承和发展，人居环境建设品质具有和谐和可持续意义，是我们面临的重要工作。

吴良镛先生指出："对山地人居环境系统研究的积淀，以及我国当前山地人居环境发展问题，目前山地人居环境建设学术研究存在相当大的差距，应该在借鉴历

涪陵·山地人居环境
2003 年 5 月

史的前提下，顺应时代需要，做好科学理论上的储备，在大尺度上创造出新的山地人居环境建设模式，为城市有机分散式的发展形态带来新的创造可能，以避免宝贵的山地资源遭到滥用和破坏"❶；"我对西南地区一直有很深的情感，这里曾是养育我成长的地方，身负山地父老的养育之恩，我对三峡库区的人居环境建设进行了较为深入的调查、研究，深刻体会到对山地人居环境进行系统研究的重要意义。近些年来，众多学者已在这些方面开展了不少工作，说明大有天地，希望学术界能对此给予更多关注，共同探索更加美好的未来！"

2.3 山地人居环境学科团队所做的探索性工作

重庆大学山地人居环境学科团队，以笔者为带头人，自1996年以来，团队逐步成长，进行学术成果的积淀、学术视野的开拓和人才队伍的培养，在国家自然科学基金委、科技部、住房和城乡建设部、教育部、中国城市规划学会等的课题支持下，在"十五"和"十一五"期间，逐步凝练成团队的主要研究方向和核心领域。

重庆大学山地人居环境研究学术团队，通过长期的研究和积累，在认识山地地理环境、城市（镇）形态空间、生态与安全、工程技术、规划理论与建筑技术方法等综合方面，结合理论与实践，逐步认识到构成山地人居环境科学问题的四个方面：

①西南山地区域城镇化研究（宏观层面）；
②流域人居环境建设研究（中观层面）；
③西南山地城市、镇历史文化保护与发展（微观层面）；
④山地人居环境研究的技术支持体系（技术层面）。

结合团队发展和对研究问题的逐步认识深入，在"十二五""十三五"期间，团队将以这四个方面为基础，在"山地人居环境生态与安全""城乡统筹发展的社会学、经济学领域""山地地区建筑学理论创新与实践"方面，有所拓展和突破。

3 山地人居环境的学术思想

3.1 生态学思想

在山地城市的支撑体系中，最为本质的支撑内容为生态体系。山地城市的核心内容构成是山水环境对人的生活所提供的宜居环境。山地城市从生态体系的构成方

❶ 参见吴良镛:《简论山地人居环境科学的发展——为"第三届山地人居科学国际论坛"写》，城市规划，2012,36(10)；p9-10。（2012年5月，重庆大学建筑城规学院主持召开的"第三届山地人居科学国际论坛"，吴良镛院士的大会主题报告）

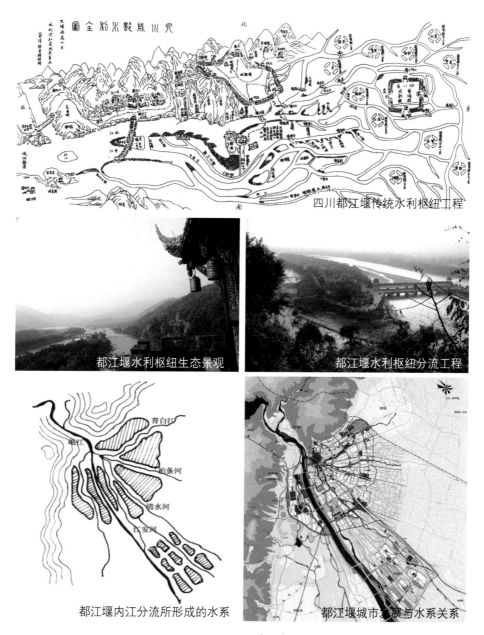

四川都江堰传统水利枢纽工程

都江堰水利枢纽生态景观

都江堰水利枢纽分流工程

都江堰内江分流所形成的水系

都江堰城市发展与水系关系

都江堰生态智慧与城市人居环境构成关系

作者资料，2017年9月

　　四川都江堰市原名"灌县"，1984年赵万民在四川省规划设计研究院工作，同年夏天，省规划院承担了灌县的总体规划以及都江堰风景名胜区规划，主要规划工程人员：樊丙庚、兰洋文、邬国萌、杨洪波，赵万民参与了该项目的前期调研及部分研究工作。

——作者注

面来认识,大致涉及两个方面:其一,山地作为支撑城市和乡村建设的基本物质元素,山体、河流、复杂地形、生态环境等与人的聚居活动的作用关系;其二,山地人工建设(城市和乡村、建筑、园林)与山地复杂环境的相互协调与适应,由此而产生人与自然的和谐和生态平衡关系。

从总体的学科研究来看,山地是人居环境科学研究一个特殊的构成部分。山地的地形地貌三维关系和起伏变化,不同于平原地区,诸如在生态构成、气候变化、聚居形态与地域文化、三维空间利用、材料和建造方式等,与平原人居环境大相径庭。这些地理环境的特殊因素构成了山地城市生态支撑系统的特殊性和复杂性。

关于城市规划的生态学思想,中国和西方自古有之。从中国历史上人居环境的营建思想看,古人十分重视人与环境的和谐,是典型的人与自然和谐共生的生态学思想。西方关于山地城市的生态建设思想,从古希腊、古罗马时代就有所展示并赋予实践❶。进入工业社会,生态城市思想的觉悟主要是因为工业对环境的污染以及"城市病"的出现,而引起人们对生活环境的反思和城市规划科学方法的认识。从西方的著名学者霍华德(Ebenezer Howard),到盖迪斯(Patrick Gedders),到芒福德(Lewis Mumford)的学术思想可以看出,三位著名学者从城市空间生态(霍华德的田园城市理论和思想以及实践)、城市区域生态(盖迪斯从生物学研究走向人类学研究,提出城市生态区域的观念)、城市社会生态(芒福德提倡从社会学和人文观方面,从社会公平方面关注城市规划)三个方面论述了现代城市发展与人的生活构成的关系,其核心的思想仍然是生态环境的有机构成和平衡。❷

清华大学吴良镛院士从"广义建筑学"到"人居环境科学"的思想,明确表现出十分重视人与环境的构成关系。重视及研究人与环境构成关系的科学规律、学科交叉以及人类聚居发生发展的正确途径。"人类的居住包括必不可少的两个部分:一是其人工的构成部分(architecture of man),二是其自然的构成部分(architecture of nature),两者综合起来,便构成居住环境。对建筑(architecture)的观念,只看到人工的部分,忽略了它的外围空间和自然环境,建筑学就不完整了。在现代,当人

---

❶ 古希腊、古罗马的城邦城市绝大部分是建在陡峭的山地上,利用地形和岩石的基础,形成军事要塞、王宫、神庙、城堡、码头、室外剧场等。古希腊、古罗马的城市、建筑、基础设施的规划和设计,展示了对山地地形、环境、气候、日照、地方石材等的理解和应用,其反映出的对环境的尊重和生态认识,今天仍然使人们能够体验到西方古代城市和建筑史上精美绝伦的杰作和建筑科学的巨大智慧。

❷ 参见吴良镛:《人居环境科学导论》,北京:中国建筑工业出版社,2001年:p3-13。

都江堰·岷江村落
2006 年 10 月

们的建筑活动对自然环境有重大影响时尤其如此。"❶吴良镛院士的学术思想从"广义建筑学"走向"人居环境科学"。"人居环境科学是一门以人类聚居（包括乡村、集镇和城市）为研究对象，着重讨论人与环境之间相互关系的科学。它强调把人类聚居作为一个整体加以研究，其目的是了解、掌握人类聚居现象发生、发展的客观规律，以更好的建设符合人类理想的聚居环境。"❷

《龚滩古镇》
国家自然科学基金重点资助研究项目
（赵万民等，2011年7月）

重庆大学在生态城市的理论研究与实践方面，也做出了杰出的学术贡献。黄光宇教授是我国较早提倡生态城市规划的学者之一，终生致力于山地城市规划和生态城市规划的研究与实践。黄先生结合西方生态学思想，早期对生态城市的概念、衡量标准、生态规划专业应对的理论与方法方面，做了较为系统的研究；后期对生态城市规划理论与方法，山地生态城市规划建设关键技术研究，城市生态的自然环境资源规划评价、城市非建设用地生态规划方面，有很好的创新性研究和贡献❸。

山地城市规划的生态学思想，其灵魂在于处理好城市与山水环境的和谐关系。山地城市的物质形态和精神风貌，同时涉及城市的生态环境品质和人文内涵气质。通常所谈论的"生态城市""田园城市"或"园林城市"，其追求莫过于城市在美丽山水环境中对自然环境和人文意境的适宜表达，由此而创造的如诗画般的理想人居环境。当前，在我国现代山地城市的建设中，由于人们对物质和文化理解的浅陋，或者社会价值趋向的误导和误判，使得城市规划和建设对山水文化精神的缺失成为普遍现象。

山区我国未来发展不可替代的战略资源基地和环境保育基地，在国家城镇化发展格局中承担了生态屏障和资源供给的重要职能。山地城镇化发展，其成败评价标准，

❶ 参见吴良镛：《广义建筑学》，北京：清华大学出版社，1989年：p36-37。
❷ 参见吴良镛：《人居环境科学导论》，北京：中国建筑工业出版社，2001年。
❸ 重庆大学（前重庆建筑工程学院）的唐璞教授、赵长庚教授、徐思淑教授、黄天其教授等，在山地城市规划、风景园林、城市设计、山地生态建筑、山地城市生态和人文规划等研究方面，也做出了突出的学术贡献。

山地人居环境科学研究：三峡库区新龚滩人居环境建设，项目主持人：赵万民

（2000—2015年）

参加龚滩保护规划搬迁建设的主要专家顾问：赵万民（重庆大学）、吴涛（重庆市文物局）、何智亚（重庆市历史文化名城专委会）、李世煜（重庆市规划局）、赵小鲁（重庆市旅游局）、况平（重庆市园林局）；规划设计及建筑测绘（重庆大学城市规划设计研究院）、建设实施组织（重庆市文物局、龚滩镇人民政府）、基础设施及施工图设计（浙江省古建筑设计研究院）、工程建设（湖北殷祖古建园林工程有限公司）。

——作者注

不是人工物质环境建设多少，而是生态环境保护和维育水平。针对当前山区人居环境生态安全突出矛盾，在我国山区的特色城镇化过程中，需要重视生态环境保护，重视人与环境关系平衡发展，因地制宜、科学统筹，推进可持续发展生态规划思想。

3.2 统筹和集约发展思想

居于山地的城市和城镇，由于山地地形复杂性和山水环境交融性，城市建设环境和自然用地往往交织在一起，不同于平坦用地的城市。这种特点在山地，从区域、城市、街区、建筑组群都显现出来，人工建设环境与自然环境相互交织，你中有我，我中有你。因此，城乡统筹和协调发展，应是山地城镇化发展特点之一，不可避免。

山地城乡统筹发展，不仅适应山地城市和乡村形态，也适用于山地区域城乡统筹政策和制度，有效破除山地城镇人居环境建设的"二元结构"屏障，建立新型城乡平等关系。从区域层面，可提出组群城市、带状城市、多中心城市的结构形式，体现山水城市、生态城市、森林城市的集群特征，使城市和乡村融合发展。从城市和城镇个体的层面，需要提倡用地布局有机性、灵活性和自由性，强调山水空间多维性和生态特征，凸显山水城市景观特征和宜居价值。从城市街区和建筑簇群的层面，强调山地城市三位空间特点，地下空间有机利用，城市小气候利用和处理，城市人性化空间利用和处理。从城市规划和建设技术层面，需要充分考虑地形三维变化，基础设施建设地形利用，空间集约和节约，地方规划建设技术应用和发展。

从政策和管理方面，需要在山地城镇化发展中，结合山地区域特征，改变与平原地区相同的城市形态设计，改变城市规划的衡量标准和技术指标。需要科学编制规划，切实地反应和预测当地城镇化进程、把山地区域的生态责任放在首位，在城市地区，采用更为灵活的空间形态设计、城市历史文化保护、市民生活方式的传承等。在乡村地区，应该建立对乡村人居环境形态的保护，建立更为严格的林地保护政策，以及耕地和基本农田保护和控制的数量指标。

需要从区域、市域层面进行耕地指标和城镇建设指标的统筹规划，项目的建设与平衡，异地城镇化等模式的尝试和推广，以适当减轻山地敏感地区城镇建设和保护生态环境的压力。进一步释放山区发展的资源要素，在促进加快农村土地流转、促进规模经营的同时，适度引导林地产权的流转，引导其与耕地类似的发展转让、转包、出租、入股等流转方式，建立城乡统一的用地市场，引导城乡建设有序集中

作者"山地人居环境研究"部分论文

序号	文章名称	作者	期刊	时间
1	山地人居环境科学研究引论	赵万民	西部人居环境学刊	2013 年 03 期
2	论山地城乡规划研究的科学内涵——中国城市规划学会"山地城乡规划学术委员会"启动会学术呈述	赵万民	西部人居环境学刊	2014 年 04 期
3	城市更新生长性理论认识与实践	赵万民	西部人居环境学刊	2018 年 06 期
4	山地总体城市设计的理论认识与实践探索	赵万民；束方勇	上海城市规划	2018 年 05 期
5	山地流域人居环境建设的景观生态研究——以乌江流域为例	赵万民；赵炜	城市规划	2005 年 01 期
6	西北台塬人居环境城乡统筹空间规划研究——以宝鸡市高新区为例	赵万民；史靖塬；黄勇	城市规划	2012 年 04 期
7	山地人居环境信息图谱的理论建构与学术意义	赵万民；汪洋	城市规划	2014 年 04 期
8	论山地城乡规划的科学内涵	赵万民	中国科协：山地城镇开发建设与经济发展论文集	2014 年 12 月
9	中国城市规划学科重点发展领域的若干思考	赵万民；王纪武	城市规划学刊	2005 年 05 期
10	生命周期理论在城乡规划领域中的应用探讨	赵万民；魏晓芳	城市规划学刊	2010 年 04 期
11	西南山地人居环境建设与防灾减灾的思考	赵万民；李云燕	新建筑	2008 年 04 期
12	关于山地人居环境研究的理论思考	赵万民	规划师	2003 年 06 期
13	自贡方冲、大湾的山地居住形态规划创作	赵万民；韦小军	规划师	2003 年 02 期
14	对黄光宇先生学术思想的纪念	赵万民	规划师	2008 年 10 期
15	基于三方利益主体的山地城市大型聚居区规划研究——以重庆"二环时代"大型聚居区概念规划为例	赵万民；黄莎莎	规划师	2012 年 04 期
16	防震视角下的山地城市防灾开敞空间优化策略探析	赵万民；游大卫	西部人居环境学刊	2015 年 01 期
17	基于生态安全约束条件的西南山地城镇适应性规划策略研究	赵万民；束方勇	西部人居环境学刊	2016 年 03 期
18	非均等化到均等化：基于 GIS 分析的城乡公共服务设施布局研究——以重庆市长寿区公共服务设施规划为例	赵万民；李雅兰；魏晓芳；廖波	西部人居环境学刊	2016 年 05 期
19	生态水文学视角下的山地海绵城市规划方法研究——以重庆都市区为例	赵万民；朱猛；束方勇	山地学报	2017 年 01 期
20	村镇公共服务设施协同共享配置方法	赵万民；冯矛；李雅兰	规划师	2017 年 03 期
21	山地都市地下空间人性化设计评价体系研究——以重庆市六大商圈为例	赵万民；贾慕昕；李长东；曹梓煜	西部人居环境学刊	2017 年 06 期
22	城市总体规划持续调整的现象与对策研究	赵万民；孙爱庐	城市规划	2018 年 04 期
23	城市兴衰思辨——重庆都市人居环境演进的波动规律认知与应对	赵万民；束方勇	西部人居环境学刊	2018 年 04 期
24	都市人行道空间活力与安全性关系认识——兼论山城重庆交通路段关系	赵万民；彭薇颖	建筑师	2007 年 03 期
25	聚居的体验	赵万民	建筑师	2004 年 03 期
26	我国西南山地城市规划适应性理论研究的一些思考	赵万民	南方建筑	2008 年 04 期
27	地域文化：一个城市发展研究的新视野——以重庆、香港为例	赵万民；王纪武	华中建筑	2005 年 05 期
28	现代山地都市轮廓线景观研究——以重庆、香港为例	赵万民；王纪武	华中建筑	2004 年 02 期
29	把山地校园建成富有特色的文化高地	赵万民	重庆建筑	2008 年 07 期
30	突破西南山地城镇化发展瓶颈——创新规划理论	赵万民	建设科技	2004 年 13 期

的政策导向和机制。并且，需要结合山地特征，健全和完善社会保障体系制度，提高山区的公共服务水平 ❶。

3.3　防灾减灾科学思想 ❷

山地城镇防灾减灾工作是我国城乡规划一项全新的任务，是我国山地区域新型城镇化和生态文明建设的迫切需求和技术难点。山地城镇防灾减灾面对灾前防御、灾中救援、灾后恢复等更为复杂的空间过程。近年来，在我国山地地区面临的不断产生的城乡建设灾害，相当原因是因为城镇化发展所引出的人地矛盾突出，生态环境改变和破坏的负面影响，以及山地城市、镇基础设施建设的技术难度等造成的，面对国家城镇化发展战略和生态文明建设的综合任务，持续研究和总结西南山地城镇化发展关于防灾减灾的理论与方法，是具有国家高度和重要学术价值的科学问题。

山地地区面临的自然灾害主要有泥石流、滑坡、地震、洪水等，具有突发性强、破坏力大、易引发其他灾害等特点。防灾减灾工作不仅要针对自然灾害进行"防"和"减"，也要对自然灾害发生后的次生灾害和衍生灾害有相应的处理预案，这就要求确立相关法律法规，构建防灾行政管理体系，完善防灾减灾基础设施建设，加强灾害的公共安全宣传教育，形成一整套严格完备的防灾减灾措施体系。

防灾减灾研究是我国城镇化建设的客观需求：城镇化，简而言之，是人口、资源、技术等生产要素在城镇地域的不断集聚，但客观上也会加强这些城镇的人类活动强度和广度。因此，城镇化既是社会经济持续繁荣和发展的动力源泉，也必然带来城镇灾害不断加剧的客观影响。近年来，我国因城镇灾害造成的直接经济损失逐年上升，从 2009 年的 2523.7 亿元增至 2013 年 5808.4 亿元 ❸。事实表明，城镇灾害造成了人民生命财产的巨大损失，已经成为国家现代化建设的关键因素之一。在新的历史发展时期，国家推进新型城镇化战略，为城乡建设事业摆脱唯 GDP 论、唯经济论，走社会民生、生态安全和环境友好的差异化发展道路，提出了新的要求和新的任务。针对城镇灾害不断加剧的客观现实，探索典型城镇灾害的基本规律，提高城乡规划与建设的防灾减灾能力和总体科技水平，维护人民群众的生命财产安全，是完成这些任务和要求的物质保障和现实途径。

---

❶　参见 中国科协 2013 年在重庆举办"山地城市可持续发展学术论坛（中国城市规划学会协办）"总结报告稿。
❷　参见李云燕、赵万民：《基于空间途径的城市防灾减灾方法体系建构研究》，城市规划，2017（04）。
❸　数据来源：2009 年、2013 年中国统计年鉴。

作者主要学术著作出版

序号	书著名称	出版情况	研究内容
1	三峡工程与人居环境建设	1999 年 赵万民著 中国建筑工业出版社	吴良镛院士"人居环境科学丛书"研究之一。从城市规划专业角度，讨论三峡工程和人居环境建设工程科学问题。以融贯的研究方法，综合社会学、经济学、生态学、美学和史论等相关学科知识，讨论三峡库区城镇化、城市规划、城市设计、历史文化遗产保护四个层面的问题，指导库区可持续发展人居环境建设。
2	西南地区流域人居环境建设研究	2011 年 赵万民等著 东南大学出版社	针对城镇化进程中水资源问题突出、生态平衡破坏、地域文化丧失等矛盾，从"城镇化与城镇体系结构""城市形态发展与规划调控""生态环境保护与人文环境建设"等方面进行研究，探索区域自然环境和地域之间的耦合规律，分析流域开发与人居环境建设的密切关系，建立"城镇化—城镇规划与设计—生态与文化建设"的一体化模式。
3	山地人居环境七论	2015 年 3 月 赵万民等著 中国建筑工业出版社	针对山地城镇化发展的特殊性、复杂性、工程难度和技术综合性，首次系统地建立了山地人居环境工程的科学认识论，从山地人居环境科学认识、聚居文化、流域生态、城乡统筹、防灾安全、工程技术等方面构建山地人居环境的科学体系和理论集成。
4	三峡库区人居环境建设发展研究 ——理论与实践	2015 年 3 月 赵万民等著 中国建筑工业出版社	以三峡库区为研究对象，分上下两部分。上篇，理论创新。分别讨论了：理论基础、流域尺度移民迁建生态安全评估与规划干预、城镇群尺度移民迁建适应性规划理论与技术、社区尺度历史文化城镇保护与更新技术。下篇，项目实践。分别讨论了：移民迁建工程实践综述、库区城镇化研究与建设实践、移民安居工程建设与实践、历史文化遗产保护与建设实践。
5	聚居的体验——赵万民城市·建筑速写记	2017 年 3 月 赵万民著 中国建筑工业出版社	以地域性人类聚居为对象的钢笔速写作品集，主要是在国内外学习和参观考察时，利用空闲时间或随队走访的间隙所做的实境感受和记录，从游历和考察的角度，收录走访过的城市、建筑、自然环境，认识山川大地对人类居住美好环境的支撑和滋养。
6	三峡库区新人居环境建设十五年进展 1994–2009	2011 年 赵万民等著 东南大学出版社	从三峡库区人居环境建设角度，切入城市搬迁和移民安置，深入调查，发现问题，剖析三峡工程开工建设 15 年来人居环境的建设历程与规律特征，总结经验、吸取教训，引导后三峡库区人居环境建设的可持续发展。
7	巴渝古镇聚居空间研究	2011 年 赵万民等著 东南大学出版社	巴渝古镇多是文化悠久、形态独特、保存相对完好的小城镇聚居整体或历史街区。国家 20 多年的大建设，大中城市的历史街区所存不多、其面对的保护工作也举步维艰。本书提出对古镇的保护，不仅要在个体的形态上，而且在整体聚居格局上，加以保护研究和有机更新，继承地域文化和发展地方建筑学基础理论。
8	山地大学校园规划理论与方法	2007 年 赵万民著 华中科技大学出版社	本书为普通高等院校建筑专业"十一五"规划精品教材。系统的探讨了解决大学建设与城市建设的用地矛盾、大学校园或大学城超常规建设进而干扰城市规划等问题。以重庆都市高校校园的规划与发展为例，剖析合理利用山地丘陵，创造有自然地貌特色、有新时代文化品位、环境宜人的山地校园等新课题。
9	巴渝古镇系列研究丛书 （共 8 部）	2007–2012 年 赵万民主编 东南大学出版社	主持巴渝古镇系列研究，包括《龚滩古镇》《龙潭古镇》《丰盛古镇》《安居古镇》《走马古镇》《罗田古镇》《宁厂古镇》《松溉古镇》8 部著作。对巴渝地区历史文化遗产保护、搬迁、复建工作提供理论与实践指导。支持成功申报国家和重庆市历史文化名镇 10 个。
10	山地人居环境研究丛书 （共 20 部）	2005–2015 年 赵万民主编 东南大学出版社	针对西南山地土地资源稀缺与生态环境脆弱性的地域性环境特点，进行西南山地人居环境建设的理论研究与技术实践，主要研究内容包含山地人居环境区域发展研究、山地流域人居环境研究、山地城市空间形态研究、山地城市建设工程技术研究、山地历史城镇保护与发展研究。

城镇灾害研究是山地城乡规划学科的基本任务：推动国家城乡建设事业的持续稳定发展，加强城镇减灾防灾能力，减小城镇灾害的损失和负面影响，建设"美丽中国"，依赖两个基本条件。一是合理执行"生态文明"和"新型城镇化"建设政策。二是构建城镇灾害研究、防治和处置的综合科技体系，这需要城乡规划、土木建筑、市政设施及环境生态工程等诸学科的综合技术保障。多年来，对前者的关注多；对后者的关注少，鲜有创新性成果。因此，笔者希望利用城乡规划学前瞻性的学科特点，在推进新型城镇化背景下，在西南山地特殊的地域范围内，探析山地城镇典型灾害的空间过程与生态效应，适时运用生态规划设计原理，创新规划的方法与技术，干预或解决城镇灾害的问题，达到生态安全、持续发展的目的，以此填补我国山地城镇化发展中防灾减灾工作的空白。

城镇灾害研究是山地城镇化发展的重要内容：西南山地是国家城乡规划和建设的弱点和难点地区。城镇化作用于山地的特殊地表结构和敏感的自然生态环境，引发人地矛盾突出，城镇灾害频仍等诸多现实问题。以重庆地质灾害为例，城镇建设引发的地灾数量在全部地灾中的比重，由 20 世纪 80 年代的 20.7% 上升至 2010 年代的 50.5%；近 10 年来，这类地灾的数量已经超过自然地质灾害。事实表明，研究西南山地城镇化和城乡建设的灾害问题，已经迫在眉睫。并且，相比沿海和平原地区，西南山地还存在经济社会发展水平相对落后，城乡建设造价高、难度大、技术复杂，传统社会和文化形态的灾害承受能力更为薄弱等地域特点。若以发达地区城镇化经验和平原建设模式予以应对，城乡"建设性破坏"和地域社会发展矛盾等潜在风险巨大。因此，探索典型城镇灾害空间过程，掌握典型城镇灾害的山地生态效应，创新山地城乡规划理论与关键技术，已经成为西南山地城乡建设的成败关键。不仅如此，西南山地是我国长江等大江大河集中发源地，也是区域气候过程、水土过程、蒸散过程等自然过程策源地和放大器，创新城镇灾害研究与建设，建设西南山地生态屏障，不仅关乎西南山地本身，也关乎长江、珠江等我国中东部平原地区的长治久安。

3.4　空间集约的城市设计思想

山地城市（镇）规划研究，尤其具有文化多样性和技术综合性，需要集成和融贯的科学研究方法。

山地人居环境综合和融贯的研究方法：城市规划学科发展到今天，其理论体系

龚滩·山地聚居
1999 年 10 月

的构成已经具有相当的学科外延性和综合性。山地人居环境的构成，在一般人居环境意义上有其更丰富的内涵和独特性。山地自然环境作用于城市、建筑、大地景观的物质形态和生活内容上，三位一体关系更加突出，人与自然空间的构成更具有机性和依赖性；山地人文环境是因为地域文化的特殊性所构成了人的生活方式的丰富性和多维性。对于山地人居环境的研究，应该从考虑地域因素和人文环境的方面来建立理论思维和解决问题的技术方法。

山地城市规划设计与自然环境的相互结合：在山地城市规划和城市建设中，对自然环境因素的考虑是十分重要的。对环境的利用和尊重涉及城市建设的经济性、安全性、生活宜居性、城市景观等方面。西南山地城市（镇）规划与建设的相当部分工作，是在解决场地建设和工程建设的安全问题，并由此而产生的经济性比较。山地的诸多情况，与非山地区域截然不同，比如，对环境的尊重和生态安全性的考虑，是涉及一个地区以及相应地区（如上游、下游地区等）的安全问题；城市规划和工程建设的经济性往往是"隐性的"，隐含在对自然环境的合理利用和对建设用地的有机设计中。从城市宜居和城市景观方面考虑，结合山水自然的规划设计，获取优良品质的生活环境，不仅成了老百姓生活居住的健康追求，也是项目开发者利益追求的营建方式。因此，西南地区的规划师和建筑师结合山地环境的规划设计能力，是衡量其职业素养和技术水平高低的重要指标。

山地城市规划与设计的新技术支撑：长期以来，在学术上对山地城市（镇）规划的理论和方法的研究，着力于空间的视觉形态多而基础设施少，对工程技术研究多而人文形态少，对 GIS 应用中地形地貌的分析多而城市形态的构成规律探索少。山地城市（镇）规划和建设与非山地区域的区别，重要的是地形地貌的物质形态不同，以及所孕育出来的人文形态的差异。因此，课题提出的城市规划新技术支撑体系主要包括：西南山地城市（镇）基础设施（市政、交通、防灾等）研究；西南山地城市（镇）基于 GIS 的空间信息图谱研究。对山地城市（镇）规划目前工作容易忽略和尚不被重视的一些方面，结合整体框架和内容进行系统研究，重点探索山地城市（镇）规划和建设技术支撑中的人文内涵；结合 GIS 在城市规划中的应用，将地学中的"图谱"研究与人居环境学科的融贯研究方法相结合，在山地人居环境的空间信息图谱方面做一些理论探索，填补山地城市规划研究在这方面的空白。

川西·丹巴藏寨
2004 年 10 月

3.5 地域文化思想

山水思想的社会作用：中国是一个多山的国家，同时是一个多民族多文化群落的国家。这种山水环境和文化集群的交融和发展，形成丰富多彩的人居环境地域聚居特色和文化特色。在中国人的传统文化理念中，山水环境是聚居构成不可或缺的物质要素和精神要素。从传统的儒家思想"仁者乐山、智者乐水"，到道家思想的"山林静修、清静无为"，以及被皇家和民间都所追从的"风水学"思想等，都表达了中国人聚居的山水环境观与文化观。山水环境对于人类聚居的健康作用和物质价值，不仅局限在人们文化享受的主观意识上和感官视觉上的，而且，随着科学研究的深入，山水环境与城市生活的健康作用还体现在，如：风的走向与城市空气的流通与循环作用，水的涵养与湿度对于城市气候的润燥调节作用，山水树林和丰富的绿化对于现代工业、汽车排放所带来的阴霾空气的净化和清洁作用，山水环境的优美视觉和空间感官对于生活情绪的平衡和调节作用。

孟子曰：吾善养吾浩然之气。山水环境的物质因素和文化因素，形成城市聚居所需要的综合健康气场。这对于培养市民的健康正气，从而形成健康的体魄和健康心理，带来城市良性的社会行为和社会心理构成，无不具有健康的促进作用。

山水环境的建城思想：中国古代典籍《周礼·考工记》和《管子》分别代表了对于平坦地形的城市营建方式和山水复杂地形的城市营建方式，但即便是针对十分平坦的城市，其中也充分包含了周围山水格局的构成和山水环境对城市生活的直接影响和间接作用。从都城到府城到县衙，这种格局几乎无例外。

此处的建筑（architecture）概念，是指人居环境的概念，即城市空间、建筑空间和园林空间。人的生活行为，始终与环境（山水关系）发生作用，从古至今，一以贯之。从城市所具有的大格局看，城市建设（或说人们的聚居行为）始终与山水环境发生作用，城市的品质和人居环境的健康质量，也依赖于山水环境的品质和构成关系。

因此，如中国几千年的文化观念发展，山和水的观念始终是一条主线。中国的聚居观念也是以山水聚居格局为主线的，形成人居环境科学意义上城市和山水自然的关系。即"山—水—城市—人"的关系。

地域聚居与地域文化：文化是经济和技术进步的真正量度，即人的尺度；文化是科学和技术发展的方向，即以人为本。文化积淀，存留于城市和建筑中，融汇在

山地人居环境科学研究：西南山地城乡规划设计项目实践，项目主持人：赵万民

巴中总规、武胜总规、眉山历史街区保护、九龙新城战略规划

2001—2017 年

人们生活中，对城市建造、市民观念和行为起着无形的影响，是城市和建筑之魂❶。

城市化的发展，对于城市文化和地区文化有两个直接作用，一是加强文化的相互传播和相互沟通，如在全球范围的东西方文化之间，在中国范围南北文化和东西文化之间、城市文化和乡村文化之间；二是对地区文化的特征性和独立性的消弭和弱化，文化走向趋同。

中国幅员辽阔，地域文化丰富多样，传统文化积淀深厚。在几千年人类聚居行为的过程中，因各地域的自然环境、山水因素、气候特点、经济特点、人群遗传特点、生活喜好和生活方式、文化传承和发展变化，等等，千差万别，形成各个地区的聚居形态和文化簇群形态。如：人们所熟知的中原、江南、荆楚、吴越、巴蜀、湖广、陕晋等区域特征划分的文化群落。这些文化群落的划分，相当因素是从中国历史地理和人文地理的大格局上，因山水环境（山脉和江河）的地域关系而形成的，当然，聚居文化的因素占相当的分量和影响作用。

山地人居环境科学研究
在"城镇基础设施建设、生态安全与减灾防灾"
方面学术获奖（2008年、2017年）

这种地域文化的差异性，恰恰是地区人居环境物质和文化形态最为有趣、活跃、丰富多彩的内容和特质所在。文化与山水环境的结合，形成丰富的、深厚的、鲜活的人居环境形态和居民的生活内容。由此有了地区的、城市的、建筑的特色，以及聚居形式和聚居文化的内容种种相关、差异和变化。

城镇化与地域文化保持：城市化（urbanizatoin，中国当前称为城镇化）的作用，

❶ 参见吴良镛：《国际建协＜北京宪章＞——建筑学的未来》，北京：清华大学出版社，2002年。

作者主要科技获奖及学术荣誉

序号	奖励名称	项目名称	时间	奖励单位	备注
1	教育部科技进步 一等奖	三峡库区人居环境建设规划 理论、方法和技术	2014 年	教育部	排名第一
2	住房和城乡建设部 华夏建设科学技术一等奖	重庆山地历史文化城市（镇）保护理论 创新与实践应用	2017 年	住房和城乡建设部	排名第一
3	重庆市科技进步 二等奖	山地城市雨洪管控关键技术及应用	2017 年	重庆市人民政府	排名第一
4	国土资源部科技 二等奖	山地城镇土地集约利用 关键技术与应用示范	2016 年	国土资源部	排名第一
5	教育部科技进步 一等奖	城镇基础设施建设关键技术 与工程示范	2008 年	教育部	排名第三
6	第七届 全国优秀科技工作者	——	2016 年	中国科学技术协会	学术荣誉
7	重庆市教学成果 一等奖	山地建筑、规划、景园、技术 "四位一体"学科融合与教学体系创新 与实践	2013 年	重庆市人民政府	排名第一
8	重庆市级优秀城市规划设计 一等奖	第八届中国（重庆）国际园林博览园 主展馆建筑群与环境设计（项目实施）	2011 年	重庆市城市规划协会	排名第一
9	重庆市级优秀城市规划设计 一等奖	重庆市长寿区城乡总体规划 （2013 年编制）	2013 年	重庆市城市规划协会	排名第一
10	重庆市级优秀城市规划设计 一等奖	重庆市巴南区丰盛历史文化名镇 保护规划	2006 年	重庆市城市规划协会	排名第一
11	重庆市级优秀城市规划设计 一等奖	四川眉山市三苏祠周边环境整治规划	2006 年	重庆市城市规划协会	排名第一
12	重庆市级优秀城市规划设计 一等奖	重庆市铜梁县安居历史文化名镇 保护规划	2004 年	重庆市城市规划协会	排名第一
13	重庆市级优秀城市规划设计 一等奖	重庆西阳县龙潭历史文化名镇 保护规划	2000 年	重庆市城市规划协会	排名第一
14	国务院三峡工程建设 委员会移民局表彰	"三峡工程与人居环境建设研究"表彰 信函	1997 年	国务院三峡工程 建设委员会移民局	学术荣誉
15	全国优秀城市规划 科技工作者奖	——	2012 年	中国城市规划学会	学术荣誉
10	改革开放 40 年 40 篇影响中国 城乡规划进程的 优秀论文奖	关于"城乡规划学"作为一级学科建设 的学术思考	2018 年	中国城市规划学会	学术荣誉
11	重庆市"两江学者" 特聘教授	——	2013 年	重庆市委组织部	学术荣誉
12	重庆市有突出贡献的 中青年专家	——	2007 年	中共重庆市委 重庆市人民政府	学术荣誉

是在单位时—空内将人口集聚和土地集约，产生和创造更大的经济效益，当然也包括文化发展的效益。地域文化（regional culture）是地区生活特征和文化个性特征的传承和发展，使与地域人居环境建设发展健康的、有益的文化品质和文化形式，得以延续。城镇化与地域文化发展存在相当的矛盾性。从城市和建筑行为看，人为的改造和创新能力是比较大的，相比之下，对山水环境的改造，则不那么容易。乡村是地域文化的土壤，乡村与山水环境联系更为紧密。乡村 de 簇群而居，地域文化得到衍生和增长。因此，乡村的地域文化保持、传承，比较城市要容易得多。当然，乡村的地域文化要依附于城市和地区的主流地域文化，形成格局和走向，才能具有强大的影响力和生命力。中国当前的城镇化发展，对乡村的破坏仍然很大。

因此，人居环境地域文化的保持，首先需要从城市和地区大的山水格局来考虑，保护好、营造好地区和城市的山水环境，继而营建好城市与山水环境的关系。山水环境是地域文化的载体，是地域人居环境的重要组成部分，也是城镇化发展生态文明和人本思想的物质保障内容。

3.6 学科交叉和融贯发展思想

山地人居环境建设，不同于平原城市。山地因地形形成三维空间：地面—地下—空中，城市建设在三维空间的状态下进行，比较平面建设，要复杂得多。城市的空间性反映如下特征：①城市因山地起伏和变化而形成，城市与山水环境相融相生；②城市的空间尺度和空间方式体现在地面、地下和空中，城市建设和城市风貌体现出空间的三维性；③城市因山水环境的阻隔形成"组团式""多中心"布局，山体和江河是城市的生态廊道和屏障；④山地人居环境"三位一体"的关系更加突出，即"城市、建筑、大地景观"因山水关系的联系，使城市的人工建设和自然环境协同一体。

因此，山地人居环境建设，更体现出不同学科、工程技术、社会经济、历史人文、艺术等的相互交叉、融合，相互支持和需求的科学性和技术关系。吴良镛先生将人居环境科学体系界定为多元复合的复杂巨系统，相当多的领域是与其他学科的交叉和融合，来取得有限的解决问题的科学技术和思维方式。山地人居环境因空间维度的变化、自然环境因素的介入、气候的作用、生态与安全因素影响等，其复杂程度应该远远超出一般人居环境系统。

三峡·石宝寨
1996 年 10 月

本文认为山地人居环境科学体系认识和学科融贯发展，如下方面的综合协调是十分重要的。

（1）山地人居环境的山水格局对于城市的生态平衡功能和宜居保障的价值和作用。由此所涉及的学科和形成的交叉关系，如城市山水要素与生态平衡关系、生态构成与城市安全格局关系、城市气候、城市宜居、城市景观的关系等。

（2）城市功能体系和城市基础设施的综合协调关系。从山地人居环境的建设上，需要综合、交叉和融贯。如山地城市交通系统、步行和车行系统，山地城市地下空间开发与利用的综合协调，山地环境工程和山地地质灾害的防治与协调，山地市政工程与山地环境保护的综合关系等。

（3）山水城市的土地利用和城市空间的集约化发展的综合协调。涉及城市的密度和容积率、经济开发价值和强度、建筑形式和风貌、城市日照和城市微气候等。

（4）山水城市的历史传承、文化导向、城市品质、城市风貌、城市景观建设等的综合发展和协调。

山地人居环境建设的理想格局，是将这些分项的内容和关系，能够统筹和协调于整体的人居环境科学框架下，综合平衡，融贯发展，以便建设符合人类理想的聚居环境。

现代城市化的发展，大城市、特大城市、城市集群的趋势，更增加了问题的复杂性和难度，使这种综合协调和融贯统筹越来越困难。多年城市规划和建设的经验和教训表明，各自为政、就事论事、互不配合、只顾局部和眼前利益的思维方式和做事态度，是办坏事的态度，是不负责任的态度，是不可持续的态度，也是不科学的态度。为此，城市规划和建设付出了足够的代价和交足了学费。

吴良镛先生人居环境科学研究，是希望提出人类聚居的城市和乡村，综合面对问题和协同解决问题的思路，建立科学的方法体系和技术路径。

山地人居环境科学体系的研究，是在继承和发展人居环境科学思想的基础上，加进山地的物质因素和文化因素，探讨它的地域性、客观性、复杂性和可行性，从而建立面对山地人居环境建设的科学体系和技术路径，面对中国正在到来和即将到来的大规模的城镇化在山地区域的推进和发展。在学科建设和理论体系上，希望有所建树和贡献。

Florence
wainis
Italy.

意大利·佛罗伦萨

2010 年 8 月

4 结语

2012 年 3 月,清华大学举行获得国家最高科学技术奖学术报告会,笔者被邀请参加大会并做关于"山地人居环境科学研究工作"的学术发言;2014 年 11 月,清华大学联合中国科学院、中国工程院在国家博物馆组织人居环境科学成就展,山地人居环境研究内容有幸入选展览。25 年来,笔者带领学科团队在西南山地人居环境科学研究和学术生长方面所做的理论探索和实践,从一个侧面客观反映了西南区域城镇化发展和山地城乡规划建设学术进展情况。

重庆·歌乐山乡村

1996 年秋

4　长江三峡风景名胜区资源调查

　　三峡工程的问题和库区人居环境建设的可持续发展，日益受到政府和广大人民群众的关心。中央号召全国关心三峡和支持三峡，全国省市，伸出援助之手，对口扶持，支持外迁移民的安置和库区人居环境的建设工作。

　　根据国家有关部门的统计，三峡库区 175 米蓄水淹没文物点 1208 处，其中地下767 处、地面 441 处。后随着发掘和调查的深入，对文物点的价值不断有新的认识和评价。地下文物中各类古文化遗址 460 处，古墓葬群 307 处。地下文物的埋葬总量达 2200 余万平方米。地面文物中寺庙、祠堂 61 处，典型民居 139 处，桥梁 76 处，石刻、石窟 123 处，城墙（城门）城址 15 处，其他 27 处。已公布的各类文物保护单位 155 处，包括国家级文物：白鹤梁；省级文物保护单位：丰都鬼城、石宝寨、张飞庙、白帝城等；县市级文物 144 处等。三峡地域原生的城市、村镇的聚居文化、聚居形态和聚居环境几乎都随水库的淹没遭致毁坏。三峡文化的主要价值方面：三峡地区人类聚居的历史可以远溯到新、旧石器的原始时代，并且经夏商周、秦汉、三国、唐宋、明清，直至今日，一直得以传承和延续，这一地区的地面和地下文化遗存非常丰富，因此，是研究人类聚居的社会和文化形态延续、变迁、兴衰的实物

龚滩·乌江渡口

1999 年 5 月

和佐证。长江文化是中华民族文化的摇篮，三峡文化是长江文化的重要组成部分。其中，巴楚文化势力在这一地区长期的消长和发展，三峡是研究这一地区文化构成的丰富的实物史料。巴文化的研究和巴民族的聚居与发展，至今尚无定论，随着考古文化的发展和科技的进步，有望破解千古巴文化之谜。一些地面文物和水下文物，是国家绝无仅有的，如忠县的汉阙、涪陵白鹤梁等，具有极高的文物价值和科学研究价值。

三峡是典型的山地区域，这一地区的建筑文化形态，从城市、建筑到园林，有其十分显著的地域特征和建筑艺术价值，在我国地方建筑学中，占有一席重要地位。国家对三峡的历史文化发掘和保护工作十分重视，做出了相当的努力。但经济投入有限、时间紧、工作面广、任务重的现实情况，一直是影响对三峡地区历史文化保护做全面和深入工作的障碍。三峡工程是我国跨世纪工程之一。它的建设，将对长江三峡风景名胜区造成极大的影响。一方面将淹没掉不少自然景观资源和人文遗迹；另一方面，又将创造出新的"高峡平湖"等新景观，丰富长江三峡风景名胜区的风景旅游内涵。

《长江三峡风景名胜区资源调查》
（国家住房和城乡建设部纵向研究课题，
课题主持人：赵万民，2006–2007 年）

鉴于三峡风景资源的重要价值和三峡成库后新的人居环境建设的重要意义，国务院办公厅（国办发〔2000〕25 号文）和建设部（建城〔2000〕94 号文）发文，要求对三峡风景资源进行调查；课题（重庆部分）由重庆大学和重庆市园林局承担完成。以笔者为课题负责人，组织技术力量开展长江三峡（重庆段）风景名胜资源及库区形成后出现的新景观进行调查和评价工作，以摸清资源本底，为三峡库区的相关研究工作提供基础资料。

调查范围：包括万州区、丰都县、忠县、云阳县、奉节县、巫山县、巫溪县、石柱县、梁平县 9 区县；具体为以江心为轴线，两岸腹地纵深延伸 3~5 公里。调查面积：长江沿线调查面积约 4000 平方公里，大宁河流域及神女溪流域面积约 1000 平方公里，

三峡·长寿城市聚居
2001 年 4 月

总调查面积约 5000 平方公里。调查对象包括瞿塘峡（8 公里）、巫峡（42 公里）、大宁河 （巫山—巫溪）、紫阳河（神女溪）沿线，以江心为轴线，两岸腹地纵深延伸 3~5 公里。包括著名景区：丰都名山、忠县石宝寨、万州天子城、云阳张飞庙、奉节白帝城、梁平双桂堂、石柱西沱古镇等。

调查内容：风景区区位；风景名胜区的经济社会发展状况；自然、人文景区（点）资源情况；城镇及重要基础设施概况；景区（点）开发建设、城镇及旅游服务接待、交通等基础设施建设情况及现存问题。

调查方法：调查采取了"区域分片—历史分段—经社分县—景观分类—价值分等—开发分期"的"六分"工作方法，即：区域分区——自然地理环境条件的概述按川东平行岭谷自然区、大巴山南麓自然区、渝鄂湘黔中山自然区进行；历史分段——三峡风景名胜区的形成及其中的人文景观按其历史文化发展脉络的时代性进行分时期评述；经社分县——城镇建设、经济社会状况按现有行政建制描述；景源分类——风景资源按《风景资源调查提纲（1985 年）》及《中国旅游资源普查规范（试行稿）》进行类型划分；价值分级——风景资源价值按其景观美学、科考探险、旅游观光、历史人文、规模大小等方面对其进行评价分级以及开发分期等工作。

三峡·夔门
1997 年

5　三峡地区人居环境历史文化保护认识

1　引言

三峡地区历史文化城市（镇）保护工作，既是三峡工程建设中文化传承和延续紧迫的科技问题，也是重庆直辖市 20 年来新型城镇化发展面临的重要科技任务。

1994 年，三峡工程启动建设，三峡库区因 175 米蓄水淹没，长江沿岸和新城迁建所及地域范围，都面临对地面和地下原生历史文化的破坏，沿线上百个具有历史传统城市、城镇、村镇、历史街区、农村居民点、不可移动文物和地下文物等，在一个集中时期，将面临整体拆迁和淹没（据 1995 年国家三峡文物淹没统计，在三峡库区海拔 177 米的范围，淹没文物点 1208 处，其中地下文物 767 处，地面文物 441 处）。

1997 年，重庆成立为中央直辖市，谓"大城市带动大农村"，城乡建设和城镇化发展进入了一个新的时代。当时重庆地区平均城镇化水平不到 30%，刚刚进入城镇化发展起步期。城镇化初期，城市建设面临同样问题：大量农村人口涌入城市，房地产的时代到来，大面积城市建设开始启动，大量旧城、历史街区、传统古镇、文物建筑等面临拆迁、拆建的局面。新城建设，一片忙碌，较多城市规划和建设，在匆忙过程中推进，城市（镇）历史文化的保护与延续工作，被放到次要地位。

重庆·朝天门人居环境

2000 年 3 月

　　三峡库区 80% 的地域范围在重庆，三峡地区长江沿线，在历史上自春秋战国的巴楚、秦汉、唐宋、明清、民国和抗战陪都时期以来，近 3000 年历史文化延续，原本是具有丰富的地面和地下历史遗存和文化底蕴，但因水库的淹没，城镇化的拆迁，使重庆地区的历史文化遗产大面积被毁坏，所剩不多。保存和延续重庆地域仅存不多的历史文化遗产，是一项严峻的社会性工程，也是一项科学技术的系列工程，是三峡工程建设和重庆直辖市面临的现实任务。

　　历史文化保护工作面临的挑战：一是因于三峡库区山地形态的特殊性，原生人居环境形态和生态环境大规模改变，历史文化遗产失去传统山水环境依存；二是工程移民和城镇搬迁迅速推进，客观上导致保护工作在匆忙中进行，文化保护再次遭受毁坏。研究和实施三峡库区城市（镇）历史文化的保护，需要协同研究机构、管理部门、企事业单位等，开展联合攻关，来推进库区城市（镇）历史文化保护理论探索、技术创新、工程实践科技工作。

"重庆山地人居环境历史文化保护"——理论探索与项目实施
（合作研究单位：重庆大学、重庆市历史文化名城专委会、重庆市规划设计研究院）

　　笔者 20 年来所带领重庆大学山地人居环境学科团队，与重庆市城乡建设相关职能部门、学术团体、兄弟单位等，协同配合，对重庆城市和三峡地区人居环境的历史文化保护工作，做了相应的理论探索和实践工作。

磁器口·老街
1999 年 10 月

2　三峡地区历史城市（镇）保护的理论认识

重庆大学人居环境学科团队，较早关注了三峡库区历史文化城市（镇）的保护研究工作。笔者博士论文《三峡工程与人居环境建设研究》（1992—1996），有专章讨论三峡库区历史文化遗产的保护问题。续后，在 1997—2017 年间，笔者带领团队，持续申请到国家自然科学基金、科技部支撑计划课题、住房和城乡建设部基金、教育部基金等研究项目的资助，相当部分研究内容，是关于三峡库区历史文化城市（镇）、三峡库区移民迁建规划设计、巴渝历史古镇的保护研究工作。曾经发表系列学术论文和出版相关学术著作，如《山地人居环境七论》《巴渝古镇系列研究》《长江三峡风景名胜区资源调查》《三峡库区人居环境建设发展研究——理论与实践》等，并多次组织和参加全国和地方的关于山地历史文化保护的学术会议。多项关于重庆城市（镇）规划设计和工程实施项目，获得到国家和省部级规划设计奖。研究工作所形成的理论探索以及对地方实践工作的推进，具有较好的指导作用。

2.1　三峡地区历史城市（镇）保护研究的学术价值

山地城市和建筑学的研究价值：三峡库区历史文化城市（镇）保护是一项系统工程，是对地域传统聚居方式及空间形态的继承、保护与发展。三峡特殊的自然与文化环境，城市（镇）历史形态较之于平原地区，有很大差异性。城镇群体与山地自然生态有机构成，技术与艺术形式相结合，呈现出"山—水—城—人"的空间品质和聚居方式，在中国地方建筑学和地域城市学中具有独特的学术地位。

综合的社会学价值和文化价值：三峡城市（镇）历史文化保护具有重要的社会学价值、旅游价值、民俗文化价值，同时具有山地城乡规划学、地方建筑学、历史文化学的综合研究和实践价值。

2.2　三峡地区历史城市（镇）保护的理论探索

探索三峡库区山地复杂环境历史文化保护理论：传统的山地城市（镇）遵从自然生态和山水环境，进行城市和建筑的建设活动，人的生活行为始终与生态环境发生作用；复杂的建成环境以山水格局为主线，协调和制约城市（镇）的空间无序发展，山地城市（镇）建设受地域、历史等综合因素影响。自然环境与城镇发展相互制约与影响的动态过程，作用并形成三峡城市（镇）"三维"空间形态的发展与生长规律。

探索三峡库区"生态""文化""技术"融贯的保护理论：探讨三峡城市（镇）、

大足石刻外围景区提档升级　　　总体规划与设计图　　　世界文化遗产大足石刻

博物馆建筑及环境　　　总体规划鸟瞰　　　博物馆建筑及广场

博物馆室内陈设　　　博物馆建筑内院　　　建筑施工

主轴线景观桥　　　景区水体设计　　　礼佛大道

重庆山地人居环境历史文化保护：大足石刻外围景区品质提升工程

主要规划与建筑设计人员：赵万民、李和平、陈纲等

2011—2013 年

街区、建筑中的空间构成，讨论文化性与时空性融合关系、个体与簇群有机联系、技术与文化形态相结合的保护理论；讨论整体保护历史文化城市（镇）山地、江河、生态、人文环境一体化保护的概念；探索三峡历史城市（镇）独特空间形态，地域建造性与艺术性的同源同体、生态性与技术性的不可分割等理论认识。

探索三峡库区历史街区与建筑遗产保护地域理论：探讨山地历史文化街区和建筑遗产簇群空间构成，提出"规划—设计—建设"保护内容，提出山地历史文化街区"肌理—形态—尺度"空间方法；提出传统街区肌理、低层高密度、可生长"鱼骨状"街巷空间模式；提出山地街道形态多样性，山地"云梯街""半边街"等特殊街道空间；提出山地多样街道边界，构建山地历史文化街区空间渗透的空间模式。

重庆园博园入口景区及博览馆主体建筑、景观规划设计建设工程
（主要规划与建筑设计人员：赵万民、杜春兰、刘骏、陈纲、徐煜辉等，重庆市规划设计一等奖，2009—2010 年）

3 三峡地区历史城市（镇）整体性保护技术

3.1 山地历史城市（镇）保护多维规划体系

提出三峡地区历史文化城市（镇）保护多维规划方法，认识山地历史文化城市（镇）保护生态、技术与文化耦合关系，认识山地规划编制中专项规划与详细规划对于历史城市（镇）保护的技术对应关系，提出"文化—风貌—建筑"山地历史文化城市（镇）保护规划方法；协同规划局、文物局等职能部门，编制《重庆市城乡规划历

湖北·香溪古镇

1998 年 8 月

史文化特色保护规划导则》《重庆市传统风貌区规划设计导则》《重庆市历史建筑紫线划定导则》《重庆市保护性建筑、传统风貌街巷现状测绘和影像采集成果标准》等技术文件，提出整体性保护的管理方式与关键技术。

3.2 山地历史文化名镇保护时序与强度决策模型

提出山地历史文化名镇保护决策模型，以文化保护、风貌保护与建筑保护3个层级整体性保护为评估向量，讨论三峡历史文化名镇保护中时序评估与强度决策问题；提出《重庆市第一批历史文化名镇规划与保护实施情况调查研究报告》，指导重庆山地历史文化名镇保护评估；提出"拟合"规划保护理论，划分市域历史文化名镇空间格局；指导和推进了三峡库区历史文化名镇保护工作。理论成果应用于龚滩、龙潭、宁厂、安居、走马、丰盛、松溉、罗田等多个三峡地区历史文化名镇保护工作。

4 三峡历史文化街区、传统风貌区保护与复建技术

4.1 "一次性"与"引导性"控制方法

认识三峡库区传统历史文化街区"簇群"空间形态，分析山地历史文化街区在气候、植被、地形、生态敏感性等方面特点，认识山地街区人工环境与生态环境、物质形态特点；结合历史文化场景与非物质文化遗产内容，提出三峡库区"一次性"整体设计和"引导性"整体设计街区城市更新方法。技术成果应用于《重庆主城区传统风貌保护与利用规划实践》中。

提出三峡传统古镇（如龚滩古镇、安居古镇等）修旧如旧、原拆原建、保护性搬迁的街区保护与复建技术，提出山地历史文化街区保护空间尺度、景观格局、建筑风貌控制等技术方法，推进三峡库区历史街区搬迁和旧城更新的保护与实施工作，实现三峡传统风貌区的合理性和活态性利用(万州滨江路、长寿三道拐、酉阳龙潭等)。

4.2 山地历史文化街区—街巷空间要素设计方法

提出三峡库区城市（镇）历史文化街区的肌理构成与历史文化遗存分布关系，以磁器口、湖广会馆及东水门片区等传统街巷空间研究为基础，提出符合山地肌理的街巷空间设计方法（《解读旧城》）。提出山地控制街巷竖向设计，维护坡道、梯道等路径街区保护技术。提出山地"簇群"的院落整合技术，和谐人居环境的新院落聚居空间形态技术（磁器口城市更新、龙潭古镇保护院落更新）。

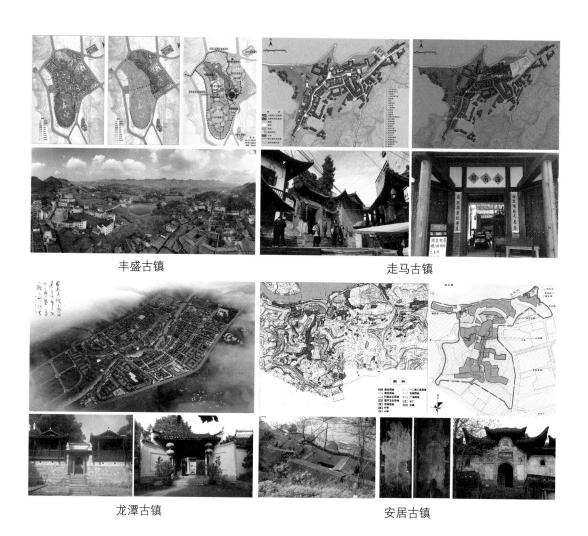

丰盛古镇

走马古镇

龙潭古镇

安居古镇

巴渝古镇人居环境保护系列工程：丰盛、走马、龙潭、安居等

山地人居环境学科团队，项目主持人：赵万民

1999—2015 年

5 小结

三峡库区人居环境的建设，随着城镇化发展步入后期，对生态环境的保护和建设，历史文化的延续与发掘工作，就显得十分重要。在三峡城镇迁建特殊环境和山地复杂形态下，生态和历史文化建设，往往是"一体化"的整体性工作，相辅相成，这就给三峡人居环境建设和可持续发展带来创新的可能，同时，也形成诸多挑战性的工作，需要城市规划与建筑工作者，不断创新与探索，来面对科学认识发展和技术实践的现实需要。

2016年1月，国家主席习近平视察重庆，提出三峡库区"坚持生态优先，绿色发展"，落实"长江中下游地区的生态环境屏障和西部生态环境建设重点"的战略定位。2018年4月26日，习近平主席主持召开深入推动长江经济带发展座谈会并强调：必须从中华民族长远利益考虑，把修复长江生态环境摆在压倒性位置，共抓大保护、不搞大开发；努力把长江经济带建设成为生态更优美、交通更顺畅、经济更协调、市场更统一、机制更科学的黄金经济带，探索出一条生态优先、绿色发展新路子。

党中央的这些战略部署，给三峡库区的人居环境建设工作，提出了新的任务和新的科学高度。

三峡·巫峡

1999 年冬

6 巴渝古镇保护研究

在今天重庆直辖市的范围以及周边相邻的地区，基本上是山地形态为特征的地理地貌。这一区域，因人类聚居的历史悠久、物资富裕、山川环境优美而形成了人口聚居的密度很大、地域文化比较独特的一方水土。巴渝地区城镇有如下特点：①区域地理形态呈东西走向，主要沿长江自西向东而构成。相对而言，西部区域属深丘和低山地貌特征，东部进入三峡地区，大山居多，故人口的分布，多在相对平坦的西部，城镇分布的密度也是西部大于东部。②人类的聚居，以水为生命之源，江河不仅是人类生存的依傍，而且也是古时的交通要道。巴渝地区，河川众多。河川的地理构成特点是以长江为干，汇集众多的江河支流，江河穿行于大山之间，形成山地特征的人类生存环境。巴渝城镇的选点，都在江河的边上。大江大河的交汇处形成大城市，小江小河的交汇处形成小城镇。以三峡区域为例，城市布点的密集区，大都集中在长江两岸。③历史上古镇的兴衰发展，除交通因素外，还有军事、商贸集市、移民、宗教文化等影响因素。因不同的因素作用，伴之以地方居民的生活习俗和风貌特色，形成各具风采的古镇聚居形态。④古镇形态格局的形成、建筑文化的产生，应该说是源自于两种作用力：其一，自然生长的作用力，即所谓的"Architecture

重庆·龚滩古镇

1999 年 10 月

without Architects"，这主要源自地域文化和生活的功能需要，地方人民在自然环境中逐步探索、适应、淘汰和传承。这是一个生长的过程，形成古镇物质与文化风貌。其二，巴渝地域在明清时代多与外界沟通、商贸联系、移民频繁，故周边地域州县聚居文化的移植和影响十分明显。古镇往往是最能反映聚居文化和地域特征的。

应该说，古镇的规模、等级和文化繁荣程度与地域当时的经济状况和交通条件成正比，但遗憾的是，中国近现代史上城市和建筑文化的发展延续，大多是在破坏

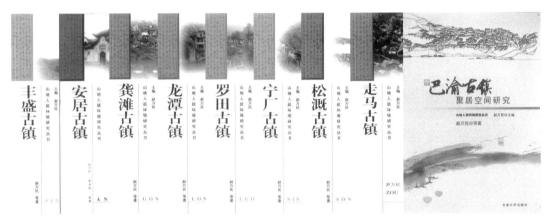

山地人居环境科学研究：《巴渝古镇》历史文化遗产保护
（赵万民等著，1999—2012 年）

和消除历史传统的条件下进行的。巴渝地域的古镇，也同全国其他区域一样，在城市化发展快的地区，大部分遭毁灭性破坏，很难见到昔日完整的体系和风貌，目前存留较好的古镇多在偏远山区，因交通不便和经济发展缓慢等因素得到被动的保护。

巴渝古镇是大三峡文化、移民文化和地方民族文化的缩影，是巴渝地域城镇聚居形态和文化发展的历史结晶。因地理环境与平原地区不同，巴渝古镇具有独特的建筑风貌与文化内涵，同时又受到周边地域文化形态的影响，广收并蓄。明清的大移民"湖广填四川"，使得巴渝城镇融合了周边地区的大量文化特色和建构筑技术后，各地商会、祠堂、货栈等一直与移民原地域文化保持了继承与变异的关系，使其历史文化和建筑形态更加丰富多彩。

巴渝古镇多运用传统山水环境概念和风水理论在复杂地形觅址建造，大都结合地形和周边的山水风貌，巧借因势，形成聚居格局，如长江区域的城镇，历史地形成了临江、组团、带状等充分与环境结合的有机布局方式，也形成了结合山水变化、

重庆·龙潭古镇

2000 年 3 月

结合绿化、自由组合、自成肌理的簇群聚居形式。建筑因地制宜，巧妙布局，灵活自然，技术与艺术结合，形成了人工与自然环境结合的建筑簇群。街巷群体随曲就直，不拘一格，或转折，或起伏，形成空间尺度宜人的线性公共活动空间，很多古镇还修建了"廊坊式"的街道空间，商居一体，公共空间与私家门面融为一体，更具生活情趣。巴渝古镇，朴实中透诗意，随意中具匠心。城镇形态有着许多相似之处，如穿斗房、吊脚楼、石板路、戏台子、宫庙、寺观等几乎古镇都有，但又因各自的山水环境、用地条件、坡度坡向而不尽相同，形成丰富的古镇风貌景观，使城镇、建筑、园林处于一个和谐的整体之中，"你中有我，我中有你"，很难将个体构成从整体之中分离出来。

巴渝古镇的文化构成和聚居形态，是中国传统建筑文化中一个十分特殊的类型。近年来，受到人们的普遍关注，主要反映在以下方面：不少文化人，如作家、画家、诗人、摄影家等，不惜远足，来到巴渝的一些古镇，进行采风、写生、摄取作品，对古镇的文化和形态爱不释手，流连忘返。古镇近年是电影、电视、媒体新闻采访、文化采风的热点对象，对古镇文化和物质形态的报道屡见于电视节目、报端和杂志上。古镇成为普通老百姓节假日旅游休闲的热点，在疲惫于都市生活的喧嚣、拥挤、紧张劳顿后，来到古镇，回归大自然，享受山水的明净、民风的淳朴、生活的真实，已成为一种生活的时尚。地方政府和地方人民，面对旅游业给古镇带来经济发展的机遇，自发组织，对古镇的发展和保护进行考虑和展开行动。巴渝先民在古镇中进行着生产、生活和文化活动，创造了丰富多彩的建筑艺术和乡土文化，遗留下来许多宝贵的文化遗产，已成为建筑、历史、文学、艺术和其他社会科学工作者关注、研究的对象。

重庆市近年在古镇保护工作上是积极和卓有成效的，已先后完成龚滩、龙潭、涞滩、双江、安居、宁厂等多个古镇及磁器口等历史街区的保护规划工作，包括对古镇历史人文研究、建筑测绘、历史街区和重点建筑的保护规划。同时涞滩、双江、龙潭、安居、磁器口等古镇已向住房和城乡建设部申报国家级历史古镇，并获得相应的保护工作经费。其他古镇的规划保护工作也在积极的进行中。各古镇所在地方政府积极配合重庆市政府的工作，努力改善交通条件，整治环境，增设旅游设施，争取以旅游等的牵动促进古镇经济的发展。如龚滩古镇积极筹划了国际攀岩活动，

重庆·偏岩古镇

1999 年春

磁器口等历史街区组织每年的庙会等旅游文化活动，收到了很好的社会效益和经济效益。直辖市在区域经济和基础设施发展上，从交通、市政、文化和旅游等方面积极支持地方政府，使古镇的保护工作形成整体态势，促成良性循环。重庆市在城市规划学会下形成历史文化城镇保护专委会，经常组织和开展有效的学术研讨、规划评审、课题咨询等工作，对重庆市的古镇保护工作起到了积极有效的行政辅助作用和学术研究作用。

近年来，重庆大学山地人居环境学科团队对重庆的龚滩古镇、龙潭古镇、安居古镇、丰盛古镇、松溉古镇、宁厂古镇等进行了相应的保护规划工作，通过对巴渝传统城镇总体特征及典型案例的分析总结，结合目前各地实际，提出以下的理论认识：

（1）巴渝传统城镇的保护，首先从宏观上统一认识。作为一种地方文化，定位于西南山地建筑文化与民族文化，有利于这一地区传统城镇的保护和继承。

（2）随着城市的发展和城市化进程的加快，传统城镇和历史文化街区的保护迫在眉睫；三峡工程建设与移民安居、西部大开发战略的实施，使巴渝地区传统城镇保护的紧迫性加强。

（3）传统城镇保护是一项长期的工作，保护的目的在于发展。通过修复和整治，有条件的进行开发，无条件的首先强调保护。目前各地城镇的盲目开发，不利于传统城镇的可持续发展。

（4）对一个地区来说，传统城镇的保护是一个系统工作。以重庆为例，保护工作应该分层次、全方位进行，既有国家级历史文化名城的整体保护——主城区及直辖市市域，也有市级历史文化名城和名镇、历史文化街区的保护。市级历史文化名城的保护，目前在许多地区还未开展，由于缺乏中间层次，名镇和传统街区的保护工作受到影响。

在西南地区，山地的特殊环境从建筑和城市（镇）形态、生态和文化、安全性和经济性等方面确定了问题研究的特殊性和复杂性。近十多年来，西南地区快速城市（镇）化，国家提出城市和乡村统筹发展的理论思考和实践，城市和乡村的建设力度和发展速度都十分惊人。以重庆地区为例，大都市带动农村地区的建设，大型国家项目的切入和基础设施深入山区，使多年来自然环境和人文环境尚能得到被动保护的农村地区，在"城市化"的正面和负面作用下迅速扩展，显露城乡建设的诸

三峡·宁厂古镇

2003 年 3 月

多问题。生态和安全问题、地方建筑文化的保护和延续问题，应该是十分突出的两个方面，并且，目前的重视程度还远远不够。

在巴渝古镇的保护与发展的研究工作中，面对龚滩、龙潭等国家级历史古镇的具体任务，我们在完成法定保护规划、使其能够有效地指导保护和建设实际外，同时也配合地方部门，积极争取其他古镇成为国家级历史文化古镇的工作，取得了一定的成效。但诸多的客观条件和人们意识水平的局限，仍然是制约古镇良性发展的障碍，只有寄望于逐步的改善和进步。总体上，保护规划的工作是有价值的，几年来，当地政府在推动古镇社会发展，引导地方乡民重视本土文化、推进城镇建设、发展旅游经济的工作中，基本遵循了规划的内容和保护方法与措施，并在实际建设中已经取得了积极的社会效益和文化效益。

巴渝古镇・春雨
1993 年 4 月

7 重庆古镇人居环境保护的综合质量评价

1 引言

重庆直辖市城镇化发展与三峡库区人居环境建设，对重庆古镇保护提出了全新的课题。在国家快速城镇化推进的过程中，历史古镇保护是社会经济建设和文化传承延续的重要研究内容，这对地区城镇文化、乡土文化、生态景观、旅游经济的发展都具有重要的影响和支持作用。本文作者长期以来对重庆山地和三峡库区的历史城镇保护进行持续研究，近年承担了"重庆古镇保护规划人居环境建设评估研究"课题，在此基础上，论文对重庆及三峡库区所涉及的 45 个古镇进行了调查和数据整理，围绕古镇人居环境的构成内涵和地域特征，从五个方面提出支撑重庆古镇人居环境综合保护和质量评价的技术标准：①遗存原真度；②风貌完整度；③生活延存度；④发展利用度；⑤管理健全度。论文结合重庆古镇保护在城镇化发展过程中所面临实际问题，探索古镇保护综合思路，总结重庆古镇人居环境建设可持续发展理论观点与技术方法，以期对我国历史古镇保护综合质量评价提供相应的学术参考和借鉴。

2018 年 9 月 1 日重庆市人民政府开始颁布实施《重庆市历史文化名城名镇名村保护条例》，这项工作对保护重庆历史文化遗产，实现古镇文化资源的可持续利用，

重庆龚滩·山地聚居
1999 年 10 月

促进城镇建设和乡村社会经济的协调发展，起到了积极的推进作用。《条例》的颁布实施对重庆古镇整体性保护、文化传承、生态环境改善、建筑活化利用等都提供了有力的技术支持，并促进了管理工作。长期以来，重庆古镇保护围绕山水格局、传统街区、历史遗存、文物建筑、非物质文化遗产等，开展规划设计、修缮整治与环境维护等工作。这类保护工作不仅要认识各类历史文化遗产的综合价值与利用潜力，而且需要整体审视古镇人居格局构成和现存历史文化价值，进行量化评价和指

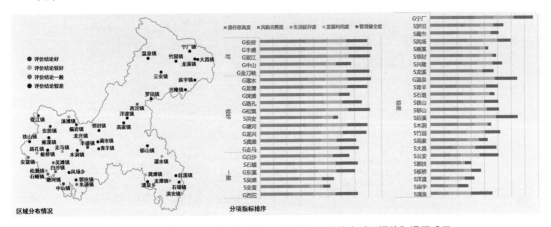

山地人居环境科学研究："重庆古镇人居环境保护的综合质量评价"课题成果
（项目主持人：赵万民，2017 年）

标体系建构研究，进而指导古镇人居环境保护工作的科学开展。论文结合重庆古镇人居环境构成内涵和地域特征，运用层次分析法，提出地域性与时代性相适应的评价方法等技术观点。论文通过对重庆 45 个历史古镇进行的调查研究，综合评价重庆全域古镇的保护质量，分析古镇案例的发展现状及其困境，提出新时期城镇化发展古镇保护的规划与建设思路。

2　重庆古镇保护的历史阶段认识

随着国家社会经济发展和城镇化由东向西推进，重庆古镇人居环境保护与发展大致经历了三个有影响的阶段：

2.1　三峡工程移民和城镇迁建

受三峡工程移民与城镇迁建的影响，重庆临长江、嘉陵江、乌江等滨水地区的古镇面临淹没搬迁和就地保护的工作。古镇搬迁是指将城镇和街区向地势较高的地

重庆龚滩·吊脚楼民居

2000 年 4 月

区迁移，如西沱古镇、大昌古镇、龚滩古镇等，通过选择地理环境与原址接近的地方，按照古镇测绘和新建规划设计，重建街巷空间与景观，恢复历史建筑和民居形式，以此实现古镇整体性保护的迁建工作。就地保护的古镇依据其所处的山水环境、历史特征与传统风貌，开展古镇街道空间整治、历史建筑修复、景观环境建设、基础设施建设等工作。古镇人居环境保护建设工作的重点，通过延续古镇独特空间形态、生态环境、传统文化、地方营建技术等，实现古镇保护和旅游文化建设的可持续发展。以古镇地

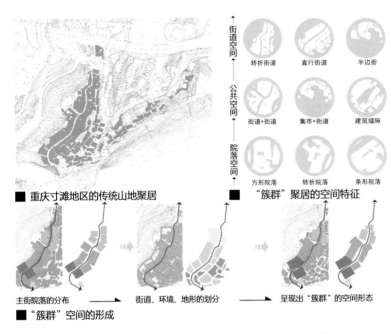

■ 重庆寸滩地区的传统山地聚居

街道空间
转折街道　直行街道　半边街

公共空间
街道+街道　集市+街道　建筑缝隙

院落空间
方形院落　转折院落　条形院落

■ "簇群"聚居的空间特征

主街院落的分布 ⟶ 街道、环境、地形的划分 ⟶ 呈现出"簇群"的空间形态

■ "簇群"空间的形成

"重庆古镇人居环境保护的综合质量评价"——形态特征模型

域性特征为技术点，提出适应重庆山地"生态—技术—文化"耦合的古镇保护方法，将巴渝文化与山水环境相联系，探讨古镇形成与发展的内在作用机制，总结重庆古镇聚居形态特殊性，并从区域、街区、建筑三个层级初步建立古镇保护路径，从资源开发与整合利用的角度，通过旅游建设实现古镇的多元价值与综合效益。

2.2　重庆直辖市建设与发展

重庆市直辖后，地区城镇化发展速度加快，城乡人居环境建设发生巨大变化，传统古镇的保护在城镇化过程中受到很大的挑战。许多古镇因城乡建设的用地扩展和人口聚集，逐步丧失山水生态环境和人文历史内涵。另一方面，地方现代城镇建设理念对古镇传统文化形态损坏严重，古镇面对抢救性保护的工作。自 2000 年以来，重庆市规划、文物、旅游等职能部门，从全面保护古镇人居环境的角度，先后组织了近 40 余个传统古镇的保护规划编制工作。形成的相关研究工作大致可分为五个方

重庆江津四面山·山村

1999 年 10 月

面：①保护古镇与周边自然山水环境的关系，通过梳理古镇社会经济发展与历史文化延续的空间格局，控制和引导古镇周边城镇与乡村的建设；②构建了重庆古镇适应性保护方法，古镇自身特征契合保护目标与方向，拟定古镇保护的规划策略、技术方法和制度环境；③构建古镇保护时序和保护决策模型，拟合区域性保护的联系路径，实现保护与旅游的联动发展；④完善古镇的结构和空间形态保护，通过街巷

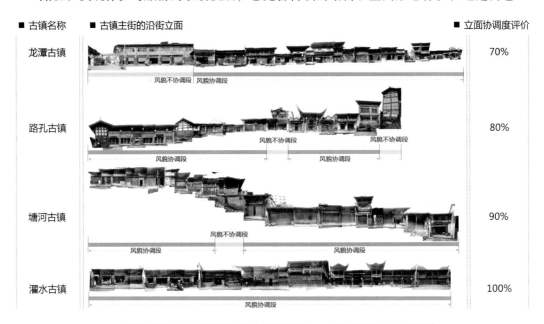

"重庆古镇人居环境保护的综合质量评价"——街区建筑立面元素评价

空间、公共活动场所与重要景观节点的规划与设计，实现古镇的有机生长；⑤开展街区与建筑的保护，通过对建筑功能进行维持与再造，延续街区建筑的平面构成、空间尺度与结构变化，实现古镇建筑空间形态的有机利用。直辖市建设时期的古镇保护，通过评判与制定重庆古镇的自然、历史、建筑、文化资源价值，建立以地域性、生态性、技术性为核心的山地历史城镇保护方法，并将其与古镇有机更新的工程实践结合起来，整体性推进了古镇保护的持续性工作。

2.3 新型城镇化时期

2010 年以来我国进入新型城镇化发展时期，重庆的城镇化发展与全国同步，达到 60% 的水平。重庆古镇保护在以往积累的经验上，逐步从"量"的发展向"质"的提高转换，拓展古镇人居环境保护与建设的内涵，将"人的城镇化"与"人居环

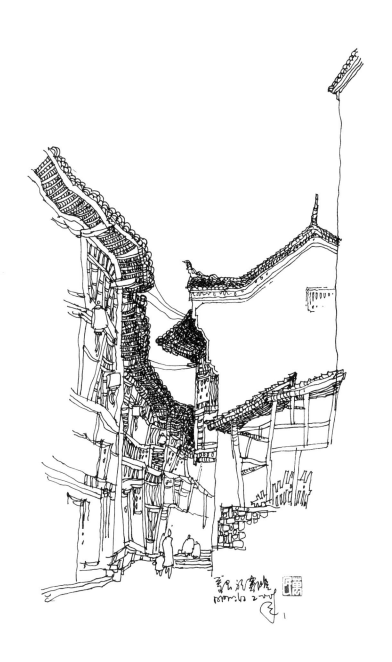

重庆龚滩·老街
2000 年 4 月

境研究"结合起来，探索发展典型区域的古镇保护与建设工作。这一时期的古镇保护工作有三个特点：①重庆古镇整体性保护格局初步形成，在重庆全域范围形成国家历史文化名镇、市级历史文化名镇和地方古镇的层级划分，初步完成古镇保护规划与旅游发展规划工作，对古镇历史风貌、传统街区、历史建筑、地方文化的综合性保护工作得到推进和落实；②在理论研究和技术工作推进层面，建立古镇保护的多元价值评价体系，有效开展古镇传统风貌的保护工作；量化研究古镇空间形态发展演变与社会、经济、文化的关系，建立古镇物质空间保护与社会网络重建的联系；③重视古镇的山水环境与生态保护理念，在城镇建设和经济发展过程中，协调新区建设和古镇保护的空间规划关系；从文化景观角度提出了"层积性"与"渐进性"并存的古镇空间格局保护方法。这些研究和建设实践工作，丰富与拓展了重庆古镇保护的内涵，为建立古镇人居环境保护的综合性评价方法形成了良好的技术支撑。

双江古镇文物建筑保存状况

白沙古镇街道空间

走马古镇居民社区活动

双江古镇历史建筑保存状况

白沙古镇街道空间

涞滩古镇旅游接待中心

"重庆古镇人居环境保护的综合质量评价"——古镇文化元素评价

3 重庆古镇人居环境的构成技术特征

重庆古镇因与山水环境的特殊性，在漫长的历史发展演进中，形成的聚居形式与生态环境有机构成关系，物质空间与历史文化发展的构成内容相协调，山水环境与生活聚居相互影响。重庆古镇人居环境保护的综合质量评价有如下技术特征。

重庆龚滩·西秦会馆

1999 年 10 月

3.1 重庆古镇的空间形态技术支撑

重庆古镇空间形态构成的最大尺度单元首先应是古镇本身所处的山水环境，包括古镇周边独特的自然环境与景观系统，重庆古镇外部的自然生态系统与古镇内部的景观系统高度统一，构成了由"院落绿化—组团绿廊—山水环境"组成空间层次。其次是重庆古镇具有独特的"簇群"街区，街区中呈现出"圜圜栉比""接密无罅"的高密度排布形式，街区内的街巷大多顺应山水关系和地形走势，形成了适应山地特性的半边街、爬坡街、云梯街等街道形式，街道界面受地形影响形成了高低起伏、层层叠叠的三维界面架构。重庆古镇空间构成的最小单元是历史建筑，这些历史建筑多以吊脚楼的形式出现，其中除了文物建筑，还有大量的风貌建筑，此外还有大量的古井、石阶梯、古牌坊等环境要素，共同构建了古

"重庆古镇人居环境保护的综合质量评价"
——古镇人居环境空间形态对比

镇独特空间环境。同时重庆古镇由于地处巴渝地区，传统的地域文化对人们的聚居行为、地方民俗、民族宗教信仰产生了重要的影响，形成了别具一格的生产生活方式，也造就了大批的非物质文化遗产。以上几个层面共同形成了重庆古镇的空间构成。

3.2 重庆古镇发展的技术支撑

重庆古镇除了保护现有的"硬件"空间，还需要完善古镇保护的技术支撑，以

重庆偏岩·传统民居

1999 年 5 月

实现古镇文化、社会、经济的全面发展。一是现代化社会服务系统，重庆古镇由于建成时间较早，内部功能发展相对滞后，基础设施建设和公共服务水平相较于周边新建城镇普遍较低，最突出的是古镇明显缺少基础教育与医疗养老设施，而良好的社会服务有助于改善古镇居民的生活水平，提升古镇的人居环境品质。二是旅游服务系统，古镇观光旅游业的发展能有力地推动地方社会经济的发展，游客消费能直接增加古镇居民的收入，加快古镇的品牌推广，如果古镇内部具备一定的文化娱乐设施，除了古镇观光本身，可以发展其他的游、娱、乐、购等休闲功能，这将大大增强古镇的吸引力。三是完善古镇保护制度，编制科学有效的历史文化名镇保护规划对古镇整体性保护、风貌整治、项目开发具有很强的指导意义，杜绝人为性的破坏。与此同时，推进建立完善的古镇保护管理机制，成立执行度较高的专项保护机构，如古镇保护管委会，能有效落实保护工程，统筹安排古镇保护的资金使用和奖惩制度，对组织公共参与，加强对居民的组织教育，培养古镇保护的责任感与荣誉感也有很好的带动作用。

3.3 重庆古镇人居环境保护相关联的技术特征

重庆古镇人居环境保护相关联的技术特征主要分为五个方面：①"生态—形态—技术"有机耦合的空间构成关系。重庆古镇的山水生态、文化形态、时空延续方式等高度融合，因此古镇人居环境保护更应注重历史遗存的真实性问题，除了完整保护古镇的历史遗存外，还要妥善保存物质环境周边的非实体空间，比如街道的尺度、院落的大小、古树名木和周边植被的关系，尽量维护古镇周边山地、江河、自然生态与人文条件的特殊性，展示地域建造性与艺术性的同源同体、生态性与技术性的不可分割、生活氛围真实性和人性化等特征。②重庆古镇的"簇群"聚居方式使得重庆古镇呈现出一种"高密度"的发展倾向，保护这样的古镇需要考虑每个建筑"簇群"风貌的完整程度，形成连续的街区空间意象。③非物质文化与物质文化结合紧密，重庆古镇传统的生活具有很强的地域性，饮食文化、民间习俗、节日庆典等造就了重庆古镇独特的人文魅力，居民喜欢在茶馆、戏馆、演厅听戏、唱曲，并经常开展诗词朗诵和传统音乐演奏表演，这将地方文化传承与实体空间结合起来，使得在保护古镇物质空间的功能与形式的同时，延续了古镇传统的生活状态。④区域结构上具有时空延续性，构建区域化的古镇保护体系显得尤为重要，特别是加强古镇之间

重庆龚滩·窄巷

1999 年 10 月

的交通关联，包括道路系统与航运系统，形成上下连接的区域观光线路，联动发展的古镇的旅游经济产业，有助于整体性推动古镇保护与利用。⑤健全与完善保护制度对于推进重庆地区古镇人居环境保护有着不可替代的作用，有效、自主、灵活的古镇管理模式是落实所有保护工作的基本保障。

4　重庆古镇人居环境保护的评价体系建构与测度

重庆古镇人居环境保护综合质量评价体系根据古镇地域性特征，设置以遗存原真度、风貌完整度、生活延续度、发展利用度和管理健全度为主要内容的评价层，在分解评价层的具体指代对象的基础上，提出由 5 个评价层、15 个指标层和 41 个子指标层构成的评价体系。

4.1　评价指标的内涵

遗存原真度包含建筑原真度和环境要素原真度 2 个指标和 7 项子指标。通过比对已有文献与图纸资料，从数量与维护程度两个方面，评价古镇中历史建筑及文物古迹保存状况、使用功能、材料与构造、院落空间组合、构筑物（古井、古墙、古石阶）、细部与传统装饰符号以及"簇群"空间的保护情况。

风貌完整度包含街巷空间形态及布局与景观环境 2 项指标和 5 项子指标。以现场测绘的街巷平面与立面为主，按照风貌协调的界面占比考察完整度，具体包含传统街巷节点空间形态完整度、立面风貌完整度、天际线及第五立面完整度、周边自然—人工景观和古树名木的保存情况。

生活延存度方面既考虑传统生活文化的延续也考虑现代社会服务功能，包含传统生活延存度、传统文化延存度和公共服务设施 3 个指标和 7 项子指标，具体考察原住民人口占常住人口的比例、非物质文化遗产的数量、非物质文化继承人数量、地方民俗文化的保存情况、教育医疗健康设施的数量、环卫设施的数量和消防设施的数量，定量评价古镇整体的生活延续状况。

发展利用度方面包括古镇的交通设施建设、旅游产业开发、经济效益增长和游客主观感受 4 项指标和 11 项子指标，以现场考察与问卷调查的形式，评价古镇的车行交通系统、人车分离情况、停车设施和人行节点数量、旅游设施数量、居民从事旅游行业的比例、经济效益增长度、镇域人均收入、居民老龄化程度、第三产业的

重庆偏岩·古镇入口
1999 年 5 月

经济占比以及游客主观感受、旅游满意度、游客对古镇再次旅游的比例和游客是否愿意宣传古镇的比例。

管理健全度方面包括保护规划覆盖、修复工作执行、保障机制和公共参与 4 项指标和 10 项子指标，以政府访谈和居民问卷调查为主要考察方式，具体评价古镇保护范围划分层次的科学性和完整性、多种类型的保护规划编制、历史建筑与文物古迹登记及挂牌、风貌建筑登录、危旧房改造、保护机构配备人员绩效与奖惩措施的、专项保护资金的投入与使用、居民对古镇保护的责任感、社区劝导组织建设、非物质文化保护补助以及居民参与保护规划编制的情况。

4.2 评价指标体系的建立

本文评价指标权重设置主要采用层次分析法，以实地考察的专家评价意见为依据，确立各指标层的两两对比判断矩阵，对矩阵向量几何平均和然后归一化处理，得到 15 个指标层权重；然后分解指标层权重到子指标层，确立子指标层权重（E 层绝对权重 =E 层相对权重 ×D 层权重），最后求和计算评价层权重，据此得到重庆古镇人居环境保护综合质量的权重分布。

4.3 评价结果

论文依据评定标准（百分制）对子指标层进行综合打分，取平均值后对应各子指标的权重，计算其人居环境保护的综合质量进行评分。其中人居环境保护综合评价等级为好的古镇有 5 个（80 以上）；人居环境保护综合评价等级为较好有 10 个（70 至 80）；人居环境保护综合评价等级为好评价等级为一般有 6 个（60 至 70）；人居环境保护综合评价等级为好评价等级为较差有 24 个（60 以下）。

5 重庆古镇人居环境保护面对的问题

5.1 重庆古镇区域性保护质量不均衡

区域不平衡问题：综合评价等级为好的 5 个古镇以及较好的 15 个古镇，在区位上分布距离重庆主城区较近，区位优势对古镇人居环境保护的带动作用非常明显，而评价较差的古镇较多分布在距离主城较远的区县，渝东北地区古镇人居环境保护的综合评价等级最低，如大昌古镇，调查发现古镇因三峡工程的建设需异地重建，但由于前期缺少细致的准备工作，以致在规划建设过程中古镇传统聚居形式没有得

重庆龚滩·临岩民居
1999 年 10 月

到很好的延续，加之以旅游观光为主体的功能定位破坏了古镇原有的生活状态，古镇保护形势依旧严峻。

级别不平衡问题：国家级历史文化名镇人居环境保护总体好于一般的古镇。综合评价好的 5 个古镇均为国家级历史文化名镇，评价较好的 10 个古镇有 8 个为国家级、2 个为重庆市级。综合评价一般的古镇仅西沱、东溪、白沙为国家级，而较差的有 24 个全部是重庆市级历史文化名镇。

经济支持不平衡问题：调查分析发现国家级历史文化名镇在保护资金与政策支持上远好于市级历史文化名镇，整体表现出"好者支持更多发展更好，差者支持少发展落后"的特征。以涞滩古镇为例，作为国家级历史文化名镇每年有专项保护资金，地方每年也会配套部分资金用于基础设施改建；同时涞滩作为国家级特色小镇、重庆市特色小镇、合川区的中心镇，每年会有财政支持建设与发展，其中很大一部分被用于古镇保护与开发，镇一级的财政基本可以覆盖古镇保护的所有方面。而在调查访谈中发现，像庙宇、郭扶、铁山、郁山等市级历史文化名镇，其保护资金仅靠地方财政维持，保护工作开展较为吃力。

古镇品牌效益也会拉大保护工作的差距。调查发现，列入国家级历史文化名镇保护名录的古镇会由地方政府统一纳入旅游开发之中，如双江古镇在重庆城投的支持下，已获得银行贷款 3 亿元用于整体的旅游形象打造，包括基础设施的建设、立面整治、建筑保护等内容；塘河古镇所在的江津区规划投资数十亿资金全面升级古镇的空间品质。而市级历史文化名镇只能靠镇一级政府开拓先期旅游市场，调查发现雍溪古镇由于专项保护资金较少，只能以自筹的方式获得 400 万元的投资用于古镇的保护与宣传工作，而洪安古镇近一年只争取到 70 万的社会投资。

5.2 古镇保护建设与社会经济发展不协调

通过对分项指标进行离散分析，可以看出重庆古镇在遗存原真度和风貌完整度、生活延续度上好于整体保护状况，而发展利用度和管理健全度上差距较为明显。

社会人口的流失：调查发现重庆古镇原住民流失现象严重。部分古镇因水陆码头被淹，交通功能衰退，古镇原住民流失致使古镇衰退，如云阳县的云安古镇因川盐古道消失，缺乏发展动力而逐渐没落。同时交通优势的丧失使得古镇的非物质文化保护也较为乏力，以走马古镇为例，虽然在规划中试图通过保护历史建筑恢复茶

重庆龚滩·坡地民居
2000 年 4 月

馆文化，通过建设人工景观例如雕塑、壁画、装饰物等展示驿道文化，但实际上由于驿站市场等环境氛围的消退，传统艺人的创作灵感来源逐渐枯竭，传统曲艺、文学故事等非物质文化遗产也就丧失其原有的特色。

基础设施建设滞后：在综合评价中，重庆古镇发展利用度比较落后，其主要原因是古镇基础设施建设不足，突出体现在缺少旅游服务设施和交通基础设施。调查发现游客休闲游览多为一日探访为主，很少有游客在古镇长期居住逗留的情况，因为古镇缺乏合理的旅游设施规划布局，无法提供高质量的旅游服务，多数古镇的主观体验满意度较低。同时多数古镇没有专线旅游巴士，古镇旅游以自驾为主，交通联系度较差，不便于游客前往，加之周边缺乏停车设施，严重影响古镇的可达性和便捷性，进一步限制了古镇的整体发展。

公众参与缺失：重庆古镇保护的居民参与程度参差不齐，在公众参与程度较低的古镇中，管理部门只单方面强调居民的保护义务，缺少修缮资金的补助使用规章，致使地方居民对古镇保护的奖惩制度认识模糊。在部分公众参与较好的古镇，管理部门通过开院坝会集体讨论古镇的保护与建设，以此征集群众意见，引导社区主动参与古镇保护，例如白沙古镇通过积极引入社会力量开展古镇的保护与宣传，利用微型网络民意众筹平台实时发布古镇的开发建设项目，收集居民留言评论，再通过会议讨论、点对点的沟通，实现公众参与古镇保护的全过程。

6 重庆古镇人居环境保护优化思路

6.1 区域性旅游开发

重庆古镇保护需要结合地区发展的整体态势构筑区域性协同发展网络。建议在综合评价整体较低的渝东北依托长江黄金水道，将古镇旅游纳入三峡黄金旅游线路，根据实际情况打造古镇专题旅游航道，配合古镇的基础设施改造工程，完成古镇的风貌与环境打造，深入挖掘古镇的历史文化特色，率先复兴一部分具有旅游价值的历史文化资源，并通过建设游船码头、旅游接待中心等经营性服务设施，复苏古镇的经济与社会活力，发展古镇的观光产业，带动古镇人居环境保护。

6.2 空间格局的整体性

重庆古镇基本具有相同特征的物质形态，古镇地形地貌、生态环境、街区肌理

重庆彭水·乌江画廊
1999 年 10 月

与建筑组群高度融合成有机组合体。保护工作结合古镇地域性特征，整体性延续古镇历史文化场景与非物质文化遗产，对传统街区修旧如旧、原拆原建，真实、完整地保护传统原有尺度肌理和走向等空间格局，维护古镇传统建筑体量比例、景观环境、建筑符号等，协调新建建筑与传统风貌之间关系，实现古镇原真性与可持续性保护。

6.3 古镇管理工作推进

重庆的地方政策和财政扶持应向市级历史文化名镇倾斜，引导地方城镇体系规划注重古镇保护与旅游开发。在地区中心镇、特色镇的评选中适当降低古镇的准入门槛，确保古镇能整体融入地区的城镇化发展中；在宣传上，适当增加市级历史文化名镇的媒体曝光率；在非物质文化保护上，加大对传承人的扶持力度，结合互联网与手机终端，推广地方的手工制造与传统曲艺戏剧，鼓励企业和社会资本参与市级历史文化名镇旅游打造与品质提升；在管理制度上，引导古镇用社区劝导教育代替单纯的奖惩制度，鼓励公众在涉及古镇保护与建设的各种咨询会、院坝会、网络发布平台上积极建言献策，完善公共参与途径。

7 结语

重庆古镇人居环境保护是一项具有现实意义的系统工程，这有利于推进重庆和三峡地区整体城镇化发展，促进贫困山区经济建设与旅游开发，实现历史文化遗产保护传承和生态环境建设的可持续发展。论文在学科团队长期以来山地人居环境研究工作的基础上，与重庆市规划局、文物局、重庆历史文化名城专委会、地方古镇政府等部门形成研究合作，对重庆古镇人居环境保护工作进行了系统的调查和研究。论文希望从古镇保护的遗存原真度、风貌完整度、生活延存度、发展利用度、管理健全度五个方面，提出综合质量评价方法，通过分析区域性保护质量不均衡、社会经济发展不协调现实问题，提出重庆城镇化在古镇及相关区域的社会及空间形态建设的技术模式及评级指标，以旅游开发带动古镇保护，以公共参与健全古镇管理，以整体性保护复兴乡土生活方式，以期思考贫困山区社会经济发展的解决途径，为西南地区古镇保护与建设的后续工作提供有意义的指导和参考。

重庆龙潭·老街

2000 年 3 月

in sorrento
Italy wann

意大利·苏莲托

下　篇：山地人居环境实践探索

8 《山地人居环境七论》前言

近两年来，我们"山地人居环境科学"研究团队一直想写一本关于理论认识方面的著作 ●，思维推动有三：其一，自 2008 年至 2012 年间，团队承担了国家自然科学基金重点项目"西南山地城市（镇）规划设计适应性理论与方法研究"的工作，相关理论探索和成果总结，希望以论文和书著的形式面世，得到与同行专家交流的目的，也是对基金研究工作结果要求的交代。其二，团队近 20 年的建设 ●，从弱小逐步成长，从三峡的研究逐步扩展到山地，从实践案例到理论的认识，林林总总，发表过一些论文和出版了一些著作，但总体而言，案例研究多、实践工作的总结多、博士生个体论文的探索多，而理论总结和认识少。所以，团队（包括我自己）总觉得应该在山地人居环境建设的理论方面有突破性思考，或探索性认识。即或未必完整，或未必能成理论高度，但面对当前我国山地人居环境建设工作的理论需要，有

● 2014 年 6 月，重庆大学为了培育人才队伍，凝聚和突出有特色的科学理论与工程技术研究方向，在学校 30 余个国家和地区有影响力的学科间，进行"创新团队"的遴选。由于配有政策扶持和经济条件的持续支助，竞争力是十分激烈的。赵万民教授牵头的"山地人居环境科学"创新团队，因其鲜明的学科地域特色和基础积累，被遴选为首批 10 个创新团队之一。在略早的 2012 年，中国城市规划学会也曾推荐赵万民"山地人居环境学科团队"去争取中国科协国家层面的创新团队遴选，参加了北京答辩，未成，但为团队的发展和建设积累了一些经验和教训。

● 1996 年 6 月，赵万民从清华大学博士毕业，回到重庆大学，以三峡和山地研究为起步，培养研究生和青年教师，逐步凝练学术方向，形成团队雏形，后得以成长，不断发展。

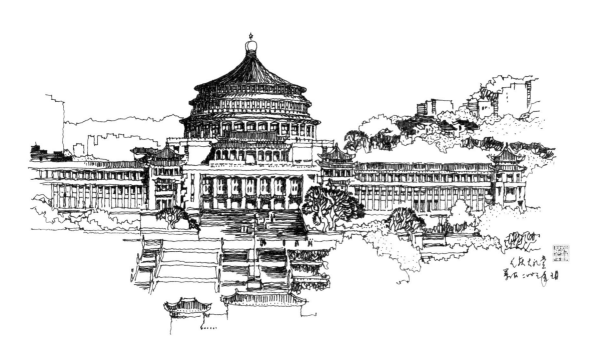

重庆·大礼堂
2003 年 5 月

所正确的引导和理论观念明辨的认识，应该是紧迫而有益的事❶。其三，中国30年的城镇化高速发展期，在城市建设方面，成绩斐然。总体而言，量的积累大于质的提高；对西方的模仿和拷贝，多于对自己国家和地区地域文化的发掘、继承和创新。对山地城乡建设而言，以平原的理论概论山地，或无视山地环境的生态性、安全性、地域文化特性和工程复杂性，千篇一律，带来山地城市、城镇的生态隐患，或者经济工程等的巨大浪费，此种现象不为个例。近些年来，吴良镛、周干峙等老一辈学者，一再呼吁并身体力行，中国应该产生自己的城市规划和建筑学理论，来探索引导中国自己的城镇化道路正确发展，来解决广大中国土地上的城乡建设问题。我们不断看到在全国范围，从地域文化、生态实际、社会经济深入调查和分析、学科综合交叉和技术创新的好的理论探索文章和高质量理论著述不断问世。其中，中青年学者的锐意见解，往往融合中外理论于一炉，外师造化，中得心源，将海外的理论学习和新的知识把握，与中国的发展实际相结合，持之有故，言之成理，思想迭出，光芒耀眼，使人钦佩。

中国是一个多山国家。山地面积约有660万平方公里，占国土陆域面积的70%左右，山区人口占全国总人口一半以上。600多个设市城市中有300多个是山地城市，2300多个县级行政区有1500多个位于山区，1.9万多个建制镇有近1万个是山地镇。

山地建设发展问题，是国家重大战略需求和关键科技任务，在很大程度上决定了国家现代化进程和生态文明建设的成败。改革开放以来，自然条件相对优越的东南沿海和平原地区，经过多年建设与发展，社会经济建设取得长足进步，部分省市的城镇化率已经接近或达到发达国家平均水平。但广袤的中西部山地区域，历史上多是老少边穷地区，集中了我国大部分贫困人口、少数民族，发展基础较为薄弱，社会经济水平相对落后，城镇化进程仍然有着巨大的发展空间和潜力。推动山地城乡建设事业的发展，建设美好人居环境，让山地贫困区域的广大人民在城镇化过程中共享改革发展成果，事关国家社会稳定和现代化发展进程。是今后一段时间内，国家扩大内需、改善经济结构、转变发展模式的持续动力，是解决地域发展矛盾、

❶ 当前，我国城市规划和建设的工作中，对理论认识的模糊比较普遍。或远离地域的实际，或道听途说，或张冠李戴等现象，确是比较普遍的现象。经常看见地方政府，或专业人员，或不同层面的"专家"，将西方牵强的理论与我国实际的山地城乡建设"联姻"；或以平原概论山地，将不同空间尺度、不同文化基因、不同环境制约条件、不同生态构成因素的一些古典和当代的"案例"，硬"拼贴"于山地起伏、环境优美的山水之间，假以理论高度，以赢得方案"中标"为目标或规划设计合同"签订"为目的。不少"方案"或规划"理念"，转眼间真成了实施建设项目，对山地的破坏和误导可想而知，并且此种情况不在少数。

重庆龚滩·山地人居

1999 年 10 月

应对国际国内发展挑战的有效途径之一，也是对新型城镇化等国家战略的具体落实。

本书谓《山地人居环境七论》，从字意可知为三个关键词：山地、人居环境、七论，试图讨论山地人居环境建设七个方面的理论认识：①科学认识：关于山地聚居在科学技术层面的关联度，相关的科学内涵，学科生长和交叉的科学意义，团队在科学理论探索道路上的成长路径，以及山地人居环境科学发展的未来空间的认识。②聚居文化：地域和文化是人类聚居的基石，相辅相成，从理论上认识地域文化对于聚居的递进观、生态观和价值观，从而论及聚居文化的空间结构，对城市形态和生活的作用和影响，山地聚居文化的保护传承，以及相关的理论建议和案例分析等。③流域生态：山地的流域将生态格局和人类聚居活动紧密联系。流域环境是承载山地人居环境的典型自然单元，从山地流域聚居基本认知与协同，山地流域生态安全识别与评估，以及山地流域人居环境的规划干预等方面提出理论见解。④城乡统筹：统筹城乡发展是我国破解"二元结构"的重要战略思路，是解决三农问题的有效途径，以问题为导向，研究山地城乡人居环境统筹发展的理论与实践，立足我国山地区域城乡统筹发展的基本认识，构建山地城乡人居环境统筹发展的理论体系。⑤空间形态：空间形态是反映人居环境客观存在的物质形态。山地与平原空间构成的区别在于地形和环境构成的三维性，因而具有了空间的复杂性和趣味性，人与环境相互作用于山地空间，和谐共生的可持续命题确定了空间形态构成的科学性，以及其发展演变的规律性。朴素的生态思想，是山地人居环境营建的重要理论基础。⑥防灾安全：由于山地用地的复杂性，生态脆弱和敏感性，山地建设引来对环境的占用和改造，加剧了山地灾害的发生频率和强度。山地人居环境建设的防灾与安全工作，是重要的理论研究和技术课题，讨论了山地人居环境建设的主要灾害问题，以及防灾减灾的理论认识。⑦工程技术：山地人居环境建设工程技术及其理论方法的研究，是十分重要的内容。山区建设与平原比较，工程难度、综合性、协调性要复杂得多，长期以来不被重视，或以平原方法概论山地。需要从科学研究的角度，产生有针对性的理论和方法，来指导和解决山地城乡建设的工程技术问题。

关于"山地人居环境"的研究，其理论基础是来源于吴良镛院士的"人居环境科学"思想。"人居环境科学是一门以人类聚居（包括乡村、集镇和城市）为研究对象，着重讨论人与环境之间相互关系的科学。它强调把人类聚居作为一个整体加以研究，

三峡·吊脚楼民居

2000 年 4 月

其目的是了解、掌握人类聚居现象发生、发展的客观规律，以更好的建设符合人类理想的聚居环境"❶。团队试图将吴先生的"人居环境科学"理论与我国西南山地人居环境建设的现实需求相结合，探寻在国家城镇化逐步由平原迈向山区的过程中，能

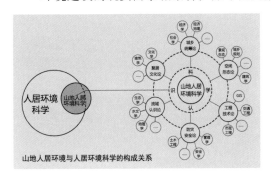

山地人居环境与人居环境科学的构成关系

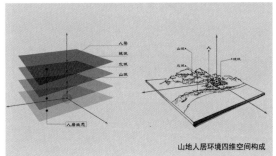

山地人居环境四维空间构成

山地人居环境科学研究是对"人居环境科学"思想
的地域性探索与发展

够引导和把握山地建设的客观规律性，建设较为理想的山地人居环境。吴良镛先生指出："对山地人居环境系统研究的积淀，以及我国当前山地人居环境发展问题，目前山地人居环境建设学术研究存在相当大的差距，应该在借鉴历史的前提下，顺应时代需要，做好科学理论上的储备，在大尺度上创造出新的山地人居环境建设模式，为城市有机分散式的发展形态带来新的创造可能，以避免宝贵的山地资源遭到滥用和破坏。"❷

"山地人居环境科学"研究团队 20 年的发展，基本上经历了三个阶段，我们理解为"初创期"、"发展期"和"提升期"。不同的阶段，面对了不同的现实问题和解决问题的思路。在初期，我们以三峡工程与人居环境建设研究为目标，进行了关于以库区移民安居和新城搬迁建设为主题的理论探索与实践。在发展期，以国家自然科学基金、科技部支撑计划等一批项目为支撑，开展关于西南山地人居环境建设的"适应性"理论与方法的研究，其中研究思考和视野较好地拓展到流域人居环境、山地生态安全与防灾减灾以及人居环境信息图谱技术认识等方面，较多的涉及学科的交叉和融合。进入提升期，进一步认识到，学科交叉融贯的重要性，理论凝练和成果集成的重要性。团队在集成成果、申报教育部奖等系列工作，在不断的工作总结、

---

❶ 参见吴良镛：《人居环境科学导论》，北京：中国建筑工业出版社，2001 年。
❷ 引自 2012 年 5 月，重庆大学建筑城规学院主持召开的"第三届山地人居科学国际论坛"，吴良镛院士的大会主题报告《简论山地人居环境科学的发展》。

四川·青城山
1992 年夏

学习和向其他领域的专家请教中，认识到不同的科学领域所体现出来不同的事物判别习惯和学术路径；体会到理工科专业认识事物的客观和智慧，以及缜密思维和严谨逻辑等，这恰恰是我们所忽略和缺失的方面。这以前，我们学科习惯于对事物感性评判，以及学科内部自我为范，长此以往，容易以传统思维惯性固步自封，逐步偏离科学技术界的话语主流平台，而渐行渐远，将自己引入学术视野的盲点和误区中。

团队的成长仍然在科学思维的艰苦探索期和积累时期。总体而言，山地地区也多是经济发展缓慢、建设困难、人才匮乏的地区。随着团队视野的拓宽和认识的深化，大家认为，今后的工作需要进一步结合国家和地区发展需求，在理论方法、工程技术、人才平台等三个方面持续攻关和跟踪研究，希望能在山地人居环境科学理论建树和解决关键技术问题上，有所创新和突破。

本书以"七论"成文，是以山地人居环境建设七个相对独立的科学问题缀串而成，用团队集体思维的方式，提出一些学术认识，用以促进和明晰团队的工作方向和目标，抑或对我国山地人居环境建设工作的理论思考有所深化和帮助。

川西·山地聚居
2004 年 10 月

9 论山地城乡规划研究的科学内涵

——中国城市规划学会"山地城乡规划学术委员会"启动会学术呈述

1 引言

本篇文章针对我国城镇化逐步从平原地区向山地发展的客观情况，从国家城镇化战略和山地城乡规划研究的科学意义提出学术思考。文章分析了山地城乡规划思想的学术基础，提出了山地城乡规划工作当前面对的问题，我国山区面对资源环境保护和人地关系的矛盾，以及山地城乡规划发展中人才队伍的缺陷和问题。文章最后阐述了对我国山地城乡规划的队伍与平台建设工作的思考。

2 山地城乡规划研究的社会意义和时代价值

2.1 国家城镇化战略与我国山地城乡建设发展

我国山地城乡建设的可持续发展，已经不是局部地区或单个城市（镇）的形态建设、城市地区的经济增长或者工程安全问题，而是涉及更广大区域或者流域地区的生态平衡、环境维育、经济建设、人工和自然环境协调的综合发展问题。其中，既涉及自然科学和技术的问题，也涉及人文科学发展和地域单元的文化传承与延续问题，涉及社会安全与稳定的可持续发展问题。党中央十八大提出的"生态文明"

磁器口·冬雨
1997 年 12 月

和"美丽中国"新型城镇化发展目标，山地城乡规划和建设是其核心内容之一。中国的城镇化发展，是从东部向西部、平原向山地区域逐步推进的过程。当前我国的城镇化发展势态，已经由东部平原地区的城镇化逐步转向西部山地的城镇化发展。

中国是一个多山的国家，全国 2/3 的土地、森林、矿产、水能等资源集中于山地。从地理单元上看，在我国各个区域都具有山地，如西南、西北、齐鲁、荆楚、闽浙、两湖、两广，以及台湾和香港等地区。我国内陆山地城市接近 400 个，山地建制镇超过 1 万个，山地城市（镇）超过全国城镇总量的 2/3❶。我国的城镇化，由于从城市逐步走向了广大农村地区，因此，山地的城镇开发建设已经不可避免。山地的建设将不仅出现在西南和西北的山地集中区，而且将逐步漫及我国其他地理单元，在可能有用地条件和有人群居住的山地区域，都可能成为城市建设和发展的地区。

中国城市规划学会"山地城乡规划学术委员会"
在我国凝聚形成一支山地城乡规划"理论研究、建设实践、规划管理"的专家队伍（山西太原，2018 年会）

山地是人口、民族、资源、地域文化丰富而多样的典型区域，山地又是我国城乡建设经验积累和人才队伍格外缺乏的地区。当前，我国山地建设由于科学理论和技术水平的基础薄弱，人才队伍储备不够，在快速城镇化的推进中，最容易忽略山地的客观条件和特殊性，照搬平原的做法，导致山地区域尚能保留的生态环境、城乡资源、地域文化等在较短的时期内遭受不可逆转的破坏。

山地城乡规划、建设的理论研究和发展，是规划学界、业界和管理界一项全新的任务。这项工作从科学思维上来认识，具有特殊性、复杂性、矛盾性和综合性。由于山地生态环境和空间形态构成的敏感性和特殊性，用平原的经验和单一学科的

---

❶ 参见我国 2013 年城市统计年鉴资料。

三峡·民居
2000 年 4 月

思维方式是无法解决和完成山地城乡规划和建设的国家任务的。全国城镇化由东向西、由平原向山地、由城市向农村的快速发展，使得这项工作充满紧迫性和现实性❶。中国的城镇化发展呈现地区的差异性和区域的不平衡性，山地区域面对人口、资本、产业从发达地区向贫困山区的转移，在城市和乡村的城镇化发展大强度、快速度到来的时期，应该对山区资源的掠夺和对环境的破坏尽可能避免和减小。

2.2 山地城乡规划思想的学术基础

中国对于山地人居环境建设的认识，自古有之。从尊重环境和山地生态出发，进行城市建设和建筑活动，有据可考到春秋时期的建城思想上。古人十分重视人与环境和谐，提出山地人居环境的构成关系，"高毋近旱而水用足，低毋临水而沟防省。因天材，就地利，故城郭不必中规矩，道路不必中准绳。"（《管子·乘马》）。从今天看来，这是典型的人与自然和谐共生的生态学思想。从中国传统的儒家文化看，"仁者乐山，智者乐水"，将聚居文化的精神意识与山水关系紧密联系，这对培养健康的聚居心理和营造优良的聚居环境十分有益。中国传统文人高度赞赏和追求山水形胜的理想聚居环境，魏晋以降，文化人追求山野放达与生活无拘，文人的理想聚居环境多在山水形胜之地；唐宋以来，文人追求山水园林的生活，这种山水人居在绘画中处处可见。中国传统文化崇尚山地环境城市、城镇选址和营建思想，在中国今天仍然保存的一些历史名城和名镇实例中，处处可见对自然环境的尊重，人与自然和谐相处，中国传统城市和城镇建设的美丽、健康、宜居，充满生态智慧和觉悟。

中国山水城市思想的本质是人与环境的和谐，人类建设活动对自然环境的有机利用。吴良镛院士引用古人"山得水而活，水得山而秀"的山水思想，并从人居环境的思维角度，将山水思想与城市聚居相联系，写出"城市得山水而灵"❷的山地人居环境意境，表达山水城市的物质环境与文化内涵的相融关系。传统山水理念与城市建设实践活动，对我们的人居环境营造有很大的思想影响和文化根基传承。

我国20世纪90年代后的城镇化发展，从平原逐步走向山区，使得山地城乡规划理论建设和实践工作推进成为一个特殊领域，越来越受到国家科学研究和工程技术实践的重视。近十年来，我国各地域相关山地城乡规划和建筑学的理论研究和实践都逐步开展。在山地区域发展、山地城乡规划、山地生态与安全、山地工程技术

---

❶ 参见赵万民：《山地人居环境科学研究引论》，西部人居环境学刊，2013（3）：p10-19。
❷ 1985年，吴良镛院士在研究广西桂林山水城市空间的营造思想时，提出"山得水而活，水得山而秀，城市得山水而灵"。

川西·甲居梯田
2004 年 10 月

建设、山地基础设施建设、山地历史文化城镇保护等方面，逐步积累起研究经验和实践成果。各地学者和行业工作者结合地区的自然环境、地理气候、文化特点、建造技术、生活习俗等，进行了卓有成效的科学探索与实践探索，逐步形成不同地区的山地城乡规划与建设的理论体系和学术流派。相对而言，我国西南地区的工作开展和人才队伍的培养较为突出。

近十年来，中国的城镇化发展在山地区域面临着较多新的问题，迫使进行理论研究和实践总结，并逐步取得了不少突破性的成果。如三峡水利工程建设引出的库区大规模山地城市、镇的移民搬迁工程；汶川大地震、芦山大地震、舟曲泥石流等山区较大规模灾害和灾后重建工作；云贵地区的城镇化向山地发展的实践探索工作；国家南水北调工程所涉的沿线移民和山地城镇建设工程等。这些山地建设重大工程，在国际山地问题研究与实践中，也是有具有很大突出性和创新性的工作。在国际上，山地聚居的城市和乡村也是占相当的比例，如欧洲、南美、东南亚、日本等国家和地区，从历史到当代，人居环境的建设大多居于山地。不同的是，这些国家和地区，城市化的发展大多进入后期，人口的增长趋于缓慢，城市和乡村建设用地扩展远不如今天中国的发展速度和数量❶。因此，我国山地城乡建设和发展，无论在时间和数量上，都是处在国际前沿水平上的，是没有西方国家发展案例可循的。

3　山地城乡规划工作当前面对的问题

3.1　山地城镇化发展与资源环境保护

山地区域生态环境十分敏感和脆弱。我国山地区域地质灾害隐患多、分布广，且隐蔽性、突发性和破坏性强，防范难度大。山地城镇规模的扩大与数量的增加，人工建设活动范围与强度的增大，将首先危及生态环境的稳定和安全，山地人地矛盾突出，山区城镇化的发展，将加速这种矛盾。山地承载着特殊的生态服务功能，我国有 90% 的森林❷和 84.9% 的国家级资源保护区分布在山区❸，山地在国家可持续

---

❶　国际山地研究的发展动态：山地城镇建设与技术研究是全球学术活动的热点之一。1973 年，联合国教科文组织发起《人与生物圈（MAB）计划》，四个重点研究课题中"山地"和"城市"分占两席；1974 年，《慕尼黑宣言》发布；1981 年，《山地研究与发展》（Mountain Research and Development）创刊；1983 年，国际山地综合发展中心（ICIMOP）成立；2002 年，被联合国宣布为"国际山地年"，山地城镇的可持续发展成为 21 世纪全球环境与发展的重大事件之一。在欧洲、东南亚、南美、日本、中国香港等国家和地区，山地城乡规划和建设的研究起步较早，经验的积累比较丰富，不少工作趋于成熟。
❷　参见中国科学院成都山地所，《中国山区发展报告 2003》。
❸　参见中国科学院成都山地所，《中国山区发展报告——中国山区发展新动态与新探索 2009》。

万州·传统民居

2002 年 7 月

发展战略中，对涵养水源、保护野生动植物、保护大地景观资源、调节气候、维护生态平衡等方面都具有重要作用。

山地城市和城镇在建设中最容易不顾自身资源环境条件，片面追求经济发展的效益和速度，盲目扩展城市规模，加大人口的聚居密度；山地最容易在破坏资源环境中，发展污染工业、损失良田好土。山地也常常因人工建设加剧，干扰和破坏山地自然生态环境的良性构成和平衡关系，加剧人地关系的矛盾。另一方面，山区经济水平低下和交通阻隔等原因，限制山区的正常发展。尤其在偏远城镇和农村地区，落后状况仍然明显，形成恶性的发展局面。区域性城镇化发展不平衡，山地城乡建设的适应性理论缺乏和技术落后，环境和生态问题等逐步显露出来，诸多因素形成影响山地社会经济发展和城镇化建设的瓶颈。

需要充分认识建设发展与环境容量，人与用地的承载关系，基础设施建设对环境的破坏等因素，使城镇化发展中人与自然的关系能够保持平衡。国家高度重视生态环境的保护工作，山地的建设应该将生态环境良性发展放在首位加以考虑。

3.2　山地城乡规划人才队伍建设问题

山地建设的人才培养工作，是我国城乡规划事业发展不可或缺的重要内容。需要培养生长于山地、适应于山地、立志山地建设和熟悉山地情况的科技人员和管理人员，形成山地城乡规划人才队伍。长期以来，我国在建筑和城乡规划教育工作中，多以国际上的理论为范本；在教材案例选择上，多以东部平原发达地区为选例，较少具有专门针对山地问题和山地建设发展的理论书著和案例方法。针对山地人地矛盾、生态环境、基础设施建设、防灾减灾、文化传承等问题在理论研究和工程实践方面，缺少引导性和针对性的教育内容，缺少科学性的研究成果和实践指导，导致用平地的方式解决山地问题，对山地的建设带来巨大的损失和方向误导。

从城市规划教育在全国的布局来看，西部地区的院校远远少于东部，尤其对于山地城乡规划问题的研究和理论教育则更为缺乏❶，远远不能满足城乡规划人才在山地区域城市规划行业工作（规划研究、规划设计、规划管理）的实际需要❷。

---

❶ 以西部地区的城市规划教育为例，数量和质量的比例远远低于国家的平均水平，在整个西部地区，办有城市规划专业的大专院校不过30来所，通过城市规划专业评估的院校不过六七所。
❷ 据2013年全国城市规划专业教育指导委员会和评估委员会资料，整个西部地区，办有城市规划本科专业的院校不超过30所，通过专业教育质量评估的院校7所：重庆大学、西安建筑科技大学、西南交通大学、昆明理工大学、四川大学、西北工业大学、云南大学。

江津·四面山

2002 年春

避免山地规划与建设行业竞争误区：我国城乡规划教育与城乡规划和建设行业发展同步，正在经历从物质到文化、从量的扩展到品质提高的转型过程。面对经济全球化，东西方文化碰撞，由于受西方文化冲击和影响，中国建筑和城市规划教育出现危机，年轻的大学生和研究生们，重西方而轻国学，重现代而轻传统，缺少自己民族文化根基，忽视民族文化重要价值和作用。山地城乡建设，自古以来就与地域文化和山水环境紧密相连，这一工作从理论认识到经验实践，都与地理文化的认识、理解和运用有关系。但是，这恰恰是我们今天教育和文化导向所严重缺失的 ❶。

中国的城市规划和建筑行业正面临行业的竞争 ❷。在山地区域，则更令人担忧，对山地区域的生态环境构成、历史人文关系、基础设施建设和工程技术构成、城市山水空间形态构成等方面，缺少了解和认识，缺少面对山地实际问题的研究和"因地制宜"解决问题的专业认识与考虑。在实际工作中，不难看见，在山地城市"总规""详规""城市设计"等的项目评审中，行业规划设计单位和从业人员经常出现简单搬用国外或者平坦地区城乡建设的理论与案例，套用于西部山地复杂环境的城乡规划与建设实施中，甚至是观点导向错误，使山地的建设失去科学性和技术性。这种情况，在当前山地城市和城镇建设中不乏个例。经济和工程建设的浪费和损失自然是巨大的，更为巨大的损失是，这些负面的规划和设计成为实例，永远"存在"于美丽的山水环境中，成为一片去不掉的"滥觞"而难以消除。

山地城市规划教育需要拓展学生的知识结构和培养学生的职业素质：在我国广大西部地区，城市规划教育应该根据不同学校的办学条件，如工科类、地理类、农林类、工商类、师范类等学校的办学基础和所长，有所择重，在城市规划的研究、设计、管理等方面寻求特色突破，应对地区的专业人才需要。城市规划的教育在满足国家教育大纲要求的基础上，可以有所调整和择重 ❸。课程的设置，可以增加如山地区域规划、生态环境的保护、山地基础设施规划设计方法、复杂地形的竖向设计和场地设计、山地城市（镇）交通规划等专业课程。尤其在研究生教育阶段，更应

---

❶　在学界理论引导和行业实践范例中，我们常常看到的是城市规划"崇洋媚外"的现象，或者"东理西用"的情况，引导山地城乡规划的工作走向巨大的误区。

❷　行业的竞争首先来自国际环境，抢占中国市场，大面积的城市规划和重要建筑设计项目因为缺少真正的对地域文化和社会经济实况的研究，被搞得不伦不类，让人莫衷一是或成为废品。

❸　城市规划教育的地区性和服务性问题，根本上是解决为谁服务、怎么服务的问题。中国地域广大，不同地区、不同学校背景的城市规划院系的办学方向和办学特色问题，需要认真研究。这也是我国城市规划教育专业指导委员会和评估委员会十分重视的工作，是评价地方学校的办学水平和质量的重要条件。

川西·康定城

2004 年 7 月

该在毕业论文的选题上，针对地区和城市的需要，选择对地方城市建设和城镇化发展有用的论文题目，进行调查、研究与实践的教育，使学生毕业后，能够应对在西部地区工作的知识需求，成为山地城乡规划有用的知识人才❶。

城市规划教育培养出来的年青学子，当他们缺少对自己民族、地域文化价值的整体性认同，或者缺乏和淡漠正确的职业素质和道德意识时，国家和地域的城市规划和建设就将面对地域文化的断代和丧失，甚至是职业道德的淡漠和丧失❷。在我国山地区域，这种地域的社会性、技术性、文化性与人才的培养和成长紧密相关，也确定了我国西部山地区域未来城乡规划事业是否正确发展，社会价值责任是否存在，科技文化水平是否正确提高的问题。

4　我国山地城乡规划的队伍与平台建设工作

西南地区是我国典型的山地区域，国家以重庆和成都为基地，在山地学科和城乡规划研究领域布局了"山地灾害与地表过程""山地环境演变与调控""山地生态恢复与生物资源利用"等3个国家重点实验室，"国家山区公路"等国家工程中心以及"山地城镇建设与新技术"重庆大学教育部重点实验室、重庆大学城市规划以山地为特色的国家重点学科等。

这些国家和地区的科技研究平台，联合了大专院校、科研院所、规划企事业单位，有效推进了山地城乡规划研究、工程实践和建设管理工作，推进了国际交流、学术人才培养，壮大了行业队伍与影响，初步形成了一支以重庆、四川、云南、贵州以及西藏等主要山区省区市的城乡规划研究与建设人才队伍。在全国其他省市和地区，如华南、闽浙、楚湘、陕甘等，随着城镇化工作深入推进，也在山地科学与技术领域，做出了不少理论探索和实践的贡献。形成了特色鲜明的行业队伍，逐步建立了适应山地城乡规划的社会服务体系和管理队伍。❸

---

❶　在历年的建筑学、城市规划教育的专业评估中，办学特色和为地方建设培养人才，是作为办学质量和办学水平的重要指标。在全国范围，仅有少数几所院校（如清华、同济等），作为全国性的院校来评价其办学质量和人才服务的范围，而绝大多数院校，地域性的因素是作为衡量办学水平和办学方向的重要指标。

❷　参见赵万民：《山地人居环境科学研究引论》，西部人居环境学刊，2013（03）：p10-19。

❸　西南地区在山地城乡规划和建设方面所做的探索性工作：重庆大学是国家"211""985"重点高校，1992年重庆大学成立了"中科院建设部山地城镇与区域环境研究中心"。2005年，成立了"山地城镇建设与新技术教育部重点实验室"，面对西南山地城镇化发展和人才培养的紧迫任务，综合山地城镇规划、山地建筑新技术、山地岩土工程、山地防灾减灾四个方面的科学问题，集成和创新山地城镇生态和安全建设的理论与应用技术，建设国内领先、国际先进的人才队伍和国家相关研究的科学平台。这些年来，通过持续研究和工程实践，形成较好的学术成果创新和积累。

重庆偏岩·传统人居环境

1999 年 5 月

近 20 多年来，全国和地区关于山地城乡规划的学术活动，极大地促进了我国山地城乡规划领域的学术研究和学科发展，对指导国家和地方社会经济发展和城乡建设事业发展、高端人才的培养、提高山地城乡建设和管理水平等方面工作，都起到了积极支持和促进作用。

2014 年 9 月 12 日，在中国城市规划学会年会上，通过全体理事会决议，表决通过成立"山地城乡规划学术委员会"，并通过了学术机构主要成员的构成。"山地城乡规划学术委员会"提出初步中心工作目标：立足山地，服务国家，跟踪国内外行业动态，凝练山地城乡规划建设的科学问题，引领学科队伍建设和人才培养，促进学术发展和专业知识的普及，持续推进山地城乡建设的科学发展。希望通过集体的智慧和努力，把握国家城乡建设的实际国情和变化趋势，探索山地城乡规划学科发展规律，促进和扩展国际学术交流和影响，建立行业协调发展基础平台，培养山地急需的规划建设人才队伍。山地学术委员会旨在逐步充实和提升我国山地区域城乡规划与建设水平，有效发挥国家城乡规划与建设行业政策主导作用，促进区域统筹发展。"山地学委会"的成立和拟开展的科学研究与管理组织工作，对提高我国城乡规划的学术水平，推进山地城镇化建设，具有重要的现实意义和科学价值。

"山地学委会"近年希望开展的工作有如下几方面：

（1）引导山地城市规划学术研究，创新"山地学会"工作新领域。跟踪国家发展形势，引导学界和业界开展山地城乡规划学术研究和实践，提升我国山地城乡规划的学术水平；建言献策，组织为山地城乡规划工作服务的各项事业和活动，维护行业合法权益；加强行业自律，持续推进行业政策与管理制度的建设。

（2）促进教育发展，提升山地城乡规划科学研究水平，培养山区建设适应性人才队伍面对中国山地城乡建设发展的实际，开展学科和专业教育研究，推进继续教育与专业技能培训工作，促进学科队伍发展和专业人才培养；依照有关规定，组织出版学术刊物、专业著作、科普读物和其他出版物，宣传和普及城乡规划科学知识。

（3）建设和提升山地城乡规划学术、管理、行业服务的科技平台

在中国城市规划学会的领导下，配合各级行政机构，加强政府事务帮助与政策咨询功能，建立健全行业信息咨询服务，推广山地城乡规划先进适用技术；开展国内外学术交流和国际合作，加强同国外学术团体和山地城乡规划工作者的友好交往。

川西·米亚罗藏居簇群

2002 年 10 月

10 "山地人居环境系列研究"的学术探索

　　我国是一个多山的国家，山地约占全国陆地面积的 67%，山地城镇约占全国城镇总数的一半。山地集中了全国大部分的水能、矿产、森林等自然资源。山地区域是多民族的聚居地，是人类聚居文化多样化的蕴藏地。同时，山区是地形地貌复杂、生态环境敏感、工程和地质灾害易发生地区。我国 30 多年的城镇化发展，在促进经济高速增长的同时，也对土地资源节约、生态环境维育、地域文化延续等产生了较多的负面影响。这种影响所产生的破坏作用正逐步从平原地区向山地区域扩展。用"科学发展观"来指导我们的城乡建设事业，是我们的一项重要国策。因此，在山地城市规划和建设活动中，重视人与环境的"和谐发展"，尤其重要。

　　中国城镇化发展，有两个明显的特征：其一，在城市（镇）地区走城乡统筹、和谐发展的道路，是促进经济社会整体发展的必然选择；其二，东、中、西部不同经济发展梯度背景，必须采取因地域资源、文化特点、基础积累的不同而相异的城镇化发展道路。我国西南地区是以山地为特征的典型地区，具有人口集聚、自然和文化资源丰富、生态环境敏感、工程建设复杂、山水景观独特的特点，亟待开展山地城市（镇）规划适应性理论研究。

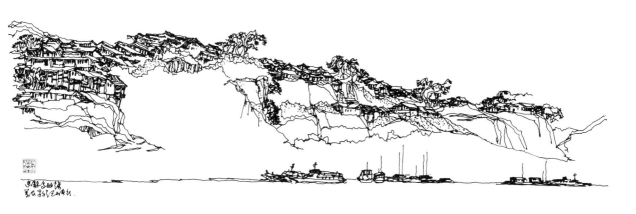

三峡库区沿岸传统聚居
1997 年 5 月

城镇化作用于山地的情况更是一把"双刃剑"，环境与发展的矛盾在山地区域尤其突出。由于不顾地形和环境条件而进行的"破坏性"建设，造成生态失衡、环境恶化、生物多样性锐减，危及人类的可持续发展。山地区域生态平衡破坏、水土不保，造成中、下游平原地区江河断流或洪灾泛滥。城镇化伴生的人口集聚和大规模工程建设，引发山地自然灾害和工程灾害频发。现代城市规划和建筑设计的浅薄化，使山地丰富的地域文化、传统聚居形态、地方技术等丧失。山地城市（镇）建设明显照搬平原城市的做法，不仅造成经济上的巨大浪费，而且带来工程安全的隐患。长期以来，西南地区城市规划理论和技术研究方面比较薄弱，使得城市建设缺乏适应性的理论指导，偏离了自己的科学发展道路。

西南山地特殊的自然与人文资源构成，确定了它在我国整体城镇化发展中的重要位置，并体现了"科学发展观"的重要价值。研究西南山地城市（镇）规划的适应性理论，不仅是指导西南地区理论建设和城市建设工作的需要，而且是我国城镇化理论整体发展的需要。西南地区的城市建设，在历史上大都反映了尊重自然、适应环境发展的城市建设思想和地方建筑学的技术方法。西南地域独特的城市和建筑形态，以及蕴于其中的人文内涵和生活风貌，是与山水环境的构成分不开的，形成了我国山地城市与建筑特殊的文化流派。

从历史上看，西南区域地方富庶、人文荟萃、人居环境形态独特。进入 2000 年后，西南城镇密集带地区城镇化的进程加快，经济发展势头迅猛，城镇化水平在 2006 年达到 40%。重庆作为西部地区的重要城市，党中央寄予厚望，胡锦涛总书记（在十届全国人大五次会议期间）提出重庆直辖市在新的历史时期发展战略定位及目标："西部地区的重要增长极，长江上游地区的经济中心，城乡统筹发展的直辖市，在西部地区率先实现全面小康社会"❶。西南区域的经济增长和社会文化水平的提高，较多集中反映在首位度较高的大城市地区，大量城镇和农村地区发展缓慢，落后的状况仍然明显，大城市与小城镇地区的建设水平差距在加大。西南地区集中了"发达与欠发达"的经济差异，山区和平原的地域差异，以及都市和乡村的形态差异的多维特征。区域性城镇化水平的不平衡发展、地区经济发展和地域文化的差异性、城市规划和建筑工程技术要求的特殊性、山地生态建设和环境保护的复杂性等，构成了

---

❶ 2007 年 3 月全国"两会"期间，胡锦涛总书记对重庆代表团做重要指示：努力把重庆加快建设成为西部地区的重要增长极、长江上游的经济中心、城乡统筹发展的直辖市，在西部率先实现全面小康。

三峡·即将搬迁的城市
1994 年 11 月

西南山地城市（镇）规划理论创新和实践的重要基础条件。城市规划的适应性理论缺乏和技术水平滞后，不能跟上城镇化发展的要求并有效指导城市（镇）规划与建设，成为影响西南山地社会经济和城乡建设发展的瓶颈。

自 20 世纪 80 年代始，西南地区城市规划和建筑学科培养的大量人才在相当时期流向东部沿海经济发达地区，造成西南山地城市（镇）规划理论研究的技术力量十分薄弱。从国家自然科学基金层面，虽然对重庆、四川、云贵等地院校的相关研究进行过一些面上项目的支持，但还没有过重点项目的资助，因而对于山地城市（镇）规划研究的理论高度和影响力不够。西南地区急需从理论建设和技术方法研究的高度和深度，进行创建性和总结性的研究工作。这包括对山地城市（镇）规划前沿理论与技术方法的研究；对国际国内相关成果的综合、借鉴、整理和发展研究；对山地城市（镇）规划教材建设和相关理论的引导；对山地城市（镇）建设技术方法（包括规范、标准等）的建设；对研究人才的培养和科研队伍的建设；与国际科研团体的合作、扩展学术影响力等系列工作。

城市规划学科发展到今天，其理论体系的构成已经具有相当的学科外延性和综合性。山地人居环境的构成，在一般人居环境意义上有其更丰富的内涵和独特性。山地自然环境作用于城市、建筑、大地景观的物质形态和生活内容上，三位一体关系更加突出，人与自然空间的构成更具有机性和依赖性；山地人文环境是因为地域文化的特殊性而构成了人的生活方式的丰富性和多维性。对于山地人居环境的研究，应该从考虑地域因素和人文环境的方面来建立理论思维和解决问题的技术方法。

在山地城市规划和城市建设中，对自然环境因素的考虑十分重要。对环境的利用和尊重涉及城市建设的经济性、安全性、生活宜居性、城市景观等方面。西南山地城市（镇）规划与建设的相当部分工作，是在解决场地建设和工程建设的安全问题，并由此而产生的经济性比较。山地诸多情况，与非山地区域截然不同，比如，对环境的尊重和生态安全的考虑，是涉及一个地区以及相应地区（如上游、下游地区等）的安全问题；城市规划和工程建设的经济性往往是"隐性的"，隐含在对自然环境的合理利用和对建设用地的有机设计中。从城市宜居和城市景观方面考虑，结合山水自然的规划设计，获取优良品质的生活环境，不仅成为老百姓生活居住的健康追求，也是项目开发者利益追求的营建方式。因此，西南地区的规划师和建筑师结合山地

山地人居环境科学系列研究："西南山地""三峡库区"书著出版（赵万民主编，35本）

1998—2018 年

环境的规划设计能力，是衡量其职业素养和技术水平高低的重要指标。

对西南地区山地城市和建筑学术问题的研究，可以追溯到 20 世纪三四十年代。时逢抗战时期，中国政府和学术团体转来重庆和西南地区，人口的机械增长膨胀了城市和城镇，带来了一个时期的繁荣建设和发展。同时，学术精英集聚西南，客观地带动了关于山地建筑学和城市规划的理论和创作实践。如梁思成和林徽因先生的营造学社，在四川宜宾的李庄进行了不少关于西南山地历史建筑（群）的调查和整理工作。中央大学（西南联大）和重庆大学建筑系，建在山城重庆（今重庆大学松林坡），杨廷宝、鲍鼎等先生在建筑设计从业的同时，授教于建筑系，在战火重庆教学育人，培养出不少今天我们学界著名的前辈学者。学子们在艰苦的战争岁月反而励志学习，培养为国家战后重建，使居者有其屋，广庇天下寒士的宏伟抱负，对城市和建筑环境的热爱和山水环境的理解也大多萌生于此（见吴良镛教授对于在重庆松林坡读书的回忆文章）。抗战时期的中央大学建筑系和重庆大学建筑系成为今天重庆大学建筑城规学院的前身，其办学思想和学术风格遗存至今，影响未来。40年代，国民政府组织了"陪都十年计划"，后因战争结束首都回迁等多种因素未能全部实施，但今天从专业角度来看，当时的规划仍然有十分科学的成分和有价值的思考，如有效的山地道路体系、城市的组团格局、注重滨水和景观的城市空间组织、新建筑风格和色彩的引导等。从建筑创作角度看，当时聚集重庆的建筑师设计了不少富于山地特色的建筑作品，如陪都总统府（"文革"后拆）、"精神堡垒"纪念碑、南山总统官邸建筑群、朝天门民生银行等，这些建筑及其环境，今天都成了重庆存留不多的历史文物建筑，成为重庆陪都文化的记载。

自 20 世纪 50 年代以来，在西南地区，以重庆大学城市规划和建筑学科为代表的山地人居环境的研究，从城市和建筑形态空间出发，广泛拓展研究领域，凝练学术内容，在山地城市空间形态、山地城市区域发展、山地城市生态、山地历史文化保护等方面，积累了较为厚实的学术经验和研究成果，凝聚了诸多学者在山地问题研究上理论建树和工程实践的毕生心血，如唐璞教授、赵长庚教授、陈启高教授、余卓群教授、黄光宇教授、李再琛教授、万钟英教授等，他们的研究广泛涵盖了以西南地区为学术舞台的山地建筑学、山地城市规划学、山地景观学、山地建筑技术科学，以及早期的山地人居环境学，在全国产生了极大的学术影响力。80 年代，国

山地人居环境科学研究：山地生态住区规划建设实践

四川省自贡市方冲、大湾居住小区全国竞标获奖（项目主持人：赵万民，施工图配合：自贡市建筑设计院）

1996—1998 年

家的社会经济发展逐步走上健康的轨道，重庆大学城市规划和建筑学科在人才培养上迈上新台阶，大量为西南地区、华南地区、华中地区和华东地区培养了山地城市规划和建筑学方面的人才，在研究、设计、管理、项目开发等方面发挥了骨干作用。

我国的城市化发展，出现社会经济地区发展水平的不平衡和地域文化的差异性，西部地区的城市化发展已经起步，城市建设的活动如火如荼，一日千里，有如我国东部发达地区在90年代初所面对的情况，即：城市规划的工作跟不上建设的速度、理论的指导滞后于实际建设的需要。而在西南山地，土地资源稀缺性与生态环境脆弱性、城市建筑空间多维性和自然人文内涵丰富性的地区性特点，确定了需要有适应地域发展需要的理论来指导城市规划和建设的科学发展。目前，论文所提出的研究工作和内容，具有相当的重要性和紧迫性，这包含理论观点的建立和引导、学术队伍的建设和凝练，以及学术人才的培养和为地方服务能力的培养等。论文提出的理论思考和研究内容建议，拟对西南山地城市规划理论建设和学术发展做一些探索性的工作，并使其成为国家新时期城市化理论建设整体框架中的有效部分。

吴良镛教授等老一辈学者在20世纪90年代中提出发展"人居环境科学"的主张，续后，在全国范围得到普遍响应，结合快速发展的城市化，对人居环境的研究在我国各个地域积极开展，有效地指导了国家城市建设的理论与实践。针对西南山地土地资源稀缺性与生态环境脆弱性的地域环境特点，城市、建筑空间多维性和自然、人文内涵丰富性的地域文化特征，提出对西南山地城市（镇）人居环境建设的理论研究与实践，是十分重要的工作。在重庆大学城市规划和建筑学科长期从事关于山地问题研究的基础上，本套丛书拟逐步总结和推出相关方面的研究内容：①山地人居环境区域发展的研究；②山地流域人居环境建设的研究；③山地人居环境关于城市形态空间设计的研究；④山地人居环境关于工程技术方法的研究；⑤山地人居环境关于历史城镇的保护与发展的研究。

我们希望，以西南山地有特点的城乡建设为土壤，通过学术耕耘，积极加入到全国整体的人居环境科学研究的洪流中，找到自己的位置，不断学习探索，并做出相应的理论与实践的贡献。

三峡·传统聚居"半边街"

2000 年 4 月

11　山地城市更新生长性理论认识与实践

1　引言

我国的旧城更新工作，伴随着城镇化的进程，自 20 世纪 80 年代后期始，经历了 30 余年的发展和探索，取得了显著的成果。当前，中国的社会主义建设显现出不平衡、不充分发展的矛盾，在城镇化发展方面，笔者认为表现为三个方面的不平衡：东西部区域性的发展差距和不平衡，城市—乡村发展差距和不平衡，以及城市新区建设和旧城更新发展差距和不平衡；中国逐步进入城镇化发展的后期，乡村建设和旧城更新将成为这个时期人居环境品质提升工作的两个重要方面。事物的发展具有其规律性，往往为时间、空间、事件、人物所影响，形成发展的轨迹和内在联系，形成结果，又反馈和作用于事物的演进和再发展，笔者将这种作用力的构成及其演进规律称为"生长性"。由此，论文讨论了旧城更新工作的矛盾性和复杂性，提出对城市更新工作"生长性"的认识，这种生长性包含两个方面的理论观点：时空发展关系的生长性，地域技术关系的生长性，形成城市更新本质的影响和作用力。文章选取笔者所经历、并与重庆城市更新学术研究相关联的几个案例，进行探讨，从历史认识、教育认识、生态认识方面，探索旧城更新的时代意义及其影响价值，表达"城市更新"学术探索的生长性及其实践思考。

重庆龚滩·民居吊脚楼
1999 年 10 月

2 对我国城市更新工作的认识

2.1 城镇化发展与旧城更新工作

我国新时期的城镇化发展，全国平均水平接近 60%（2017 年），东部城镇化发达地区（长三角、珠三角、京津冀地区）接近 70%，西部欠发达地区接近 50%，成渝经济带地区接近 60%❶。我国城乡建设的发展进入新常态，逐步从高速的经济增长和城市建设大规模扩展，转向精明增长和可持续发展，从"增量发展"走向"存量发展"，城乡建设从重视 GDP 增长转向重视环境资源保护和生态建设的协同发展模式。

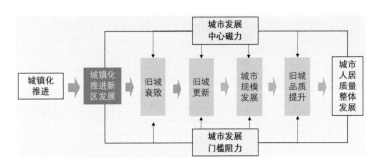

新世纪以来，中国特色社会主义进入新的历史发展时期，我国社会主义建设主要矛盾已经转化为人民日益增长的美好生活需要和不平衡不充分发展之间的矛盾❷。

城镇化推进对旧城更新所形成的时空影响关系

从我国城镇化发展的理论角度解读，"不平衡不充分发展之间的矛盾"论文理解为如下方面：①从国家区域层面，东西部城镇化发展的不平衡，城镇化水平的差距和人居环境品质的差异；国家为解决东西部的差距，积极推进城镇化由东部沿海发达地区向西部山区的渐进发展和引导发展❸，出台了相当多的战略性举措❹，使得东西部地区之间的城镇化建设差距减小。②从城乡建设层面，中国近 40 年的城镇化发展，主要是解决了大量农村人口向大城市和大城市地区的集聚和转移，城市建设和建筑环境得到极大的改变和提升；城乡之间人居环境的建设水平拉开了极大的差距，城乡在经济建设、文化建设、科技和教育水平、生活品质、民生工程、基础设施和社会服务设施建设等方面，形成不充分不平衡的矛盾❺，因此，当前在全国推进的乡村振兴和新农村建设战略，反映了解决这种矛盾的重要性和必要性。③从城市

---

❶ 根据国家 2017 年相关城镇化发展统计资料参考。
❷ 参见中共中央十九大习近平总书记相关讲话精神。
❸ 以地理学的"胡焕庸线"为划分（东北－西南走向），我国东部沿海的发达地区大部为平原，西部不发达地区主要为山区，当前我国的城镇化发展东部平原和西部山区形成 20% 左右的水平差异。
❹ 自新世纪以来，国家出台系列推进西部城镇化发展的战略举措，如西部大开发、一带一路倡议、长江经济生态带建设等。
❺ 中国城镇化发展，乡村建设在自然山水上有较好的被动保护，但是对农村地域文化、乡土文化、生态环境的保护岌岌可危；农村经济发展依然落后，城市和乡村的矛盾逐步加剧。

苏格兰·爱丁堡城市

2012 年 5 月

建设层面，城市的不平衡不充分的矛盾，主要是反映在新城建设和旧城保护的矛盾上，中国近30年来新区开发和城市扩展，主要是转化非城市建设土地为城市建设用地，实现非农人口安置，矛盾较少，政府和项目企业积极推动，工作相对容易；而城市

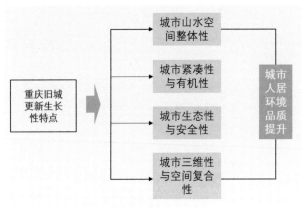

山地旧城更新的技术生长性特点

历史街区保护和旧城更新工作，涉及城市社会群体间的利益平衡、民生工程建设、基础设施老化系统的整治和更新、社会服务设施优化完善和品质提升、街区容积率、密度、绿化率的指标提高、地下空间利用和协调等问题，旧城改造工作所涉社会问题和技术问题要复杂得多。

2.2 旧城更新的学术内涵

旧城更新是城市建设发展中的一个必然过程。城市建设发展，必然出现城市向外扩展，形成新城和旧城不同空间形态和社区分级，出现新城和旧区在居住、工作、交通、休闲❶等方面的品质差异和发展诉求，出现基础设施和社会服务设施的差距，进而出现居住人群的流动、居住水平的再分配，形成社会差异和社会层级划分，以及城市社会学关注的诸多社会问题和矛盾。城市更新工作，是需要解决的城乡建设和人民生活不平衡不充分的矛盾之一，是城镇化发展到目前阶段❷最为突出、需要从理论和实践两个方面解决的人居环境建设问题。

论文认为，旧城更新，是城市规划诸多工作中最为矛盾和复杂的部分❸，不是简单的房地产项目开发的拆旧建新，而是一项集经济行为、社会行为、文化行为、技术行为、行政管理行为相交织的系统工程。旧城更新除大量涉及资金投入的经济运营和利益平衡外，还广泛涉及城市旧城时空间转换，民生工程建设和居民生活利益保障，人居环境品质改善与提升，基础设施和社会服务设施的改造更新，休闲空间

---

❶ 《雅典宪章》，城市的基本功能。
❷ 以国际惯例，城市化水平达到70%，接近后期，进入"停滞发展"时期，城乡的人口流动处于动态平衡，城乡的生活水平处于相近阶段。
❸ 城市规划的技术工作，诸如区域规划、总体规划、详细规划、城市设计、专项工程技术规划等，以"旧城更新"最为复杂，涉及的社会问题和矛盾最多。

雅典·卫城
2013 年 10 月

和绿地指标提升等综合方面；旧城更新还涉及城市文脉的延续和传承，历史街区和历史建筑的保护，城市民俗民风的土壤传承和社区邻里关系的保持和延续等问题。

我国的城市更新在学术认识上经历了一个较长的过程，其影响因素来自于两个主要方面：其一，我国城市建设工作，与国家经济发展和人居环境改变息息相关，建设发展是主要的，城市人民生活品质提升是第一性工作，城市建设必然以改变现有居住和工作环境为主要目标，城市的旧区改造，成为必然选择。其二，城市旧城，饱含历史文脉、地方民俗、生活风貌、建筑文物，城市更新与发展，与历史文化密切联系，血脉相承，当代发展和建设无法以损坏和中断城市历史文化为条件。

由此，城市新的建设发展与城市文脉传承、历史文化保护相互交织，始终形成纠结和矛盾，同时衍生出城市旧城建设的重重困难和挑战。我国近40年来城市建设，面临着这种矛盾和困难。一段时期，在城市发展粗放增长和新城建设取代旧区的观念和导向下，我国的绝大部分城市失去了旧城的历史街区和文物建筑及其环境，大部分城市的历史街区仅存十之一二。

2.3 我国旧城更新的发展概略

介于对西方城市建设的经验借鉴和认识，在我国城市建设发展的必然过程中，20世纪90年代初，我国的学术界开始探索旧城更新自己的道路。

清华大学吴良镛院士以北京旧城菊儿胡同为实践，探索北京新四合院人居环境的改造模式，提出城市"有机更新"的理论与项目建设途径。在北京历史城市的旧有街区，菊儿胡同实践项目以民生工程为前提，以如何改造北京旧"四合杂院"❶、改善原住民居住环境为目标的探索性工作，以建造具有现代居住品质，又能延续城市文脉的 "新四合院"人居环境为学术创意。项目在当时很具有学术工作的创新性和实践探索性，获得很大的成功并在学术界多次获奖，在一个时期对中国的城市更新理论和实践探索工作起到了学术引领作用❷。

在新世纪开初，上海新天地的城市更新工作，开启了另外一种旧城更新的实践探索模式。上海新天地在黄埔区传统街区，以营建中西融合的文化街区为创新理念，

---

❶ 所谓"四合杂院"，是指北京旧四合院的居住变迁情况，北京四合院在明清时期以家庭或家族聚居，民国时期屋主有所变化，但城市人口并未出现大幅增长，四合院建筑形态未出现大幅度改变；四合院经过建国后的居民集聚和住房紧张所形成的人口拥挤，四合院形成不同姓氏、人群的杂居，新形成的"四合杂院"随年代日久，居住环境拥塞、基础设施老化、居住面积小、生活品质低，成为北京旧城更新亟待解决的社会问题和人居问题。

❷ 吴良镛院士北京菊儿胡同新四合院实践，自1989年开始，经过1、2、3期的实践，逾时约10年时间建设，获得旧城更新的成功，并获得系列国家和国际的奖项，出版专著《北京旧城与菊儿胡同》。

the craft of
Napoli, italy
wanm in 2010.
Aug 10.

意大利拿坡里·山地人居环境
2010 年 8 月

新天地以上海近代建筑的标志"石库门"传统街区为基础，对石库门原有居住功能进行有机更新，继承和发展上海历史文化所赋予城市生活的休闲空间为特色，形成集合文化创意、休闲娱乐、旅游餐饮等综合性的新人居环境。上海新天地在城市更新中经济运作、商业运营、文化融合、旅游发展等方面，都获得很大成功，成为一个时期我国城市更新成功案例；续后上海旧城"田子坊"社区更新工作，比较注重保持上海民国时期的市民休闲聚居形态，探索了上海旧城更新和社区历史文脉保护实践工作，属于另类旧城更新的探索道路，与"新天地"旧城更新方式形成了对比。

随后时期，中国各个城市逐步推开城市更新的工作，如北京的锣鼓巷、大栅栏，南京的秦淮河夫子庙，天津的鼓楼，西安的回民街，广州的沙面历史街区，杭州的河坊街，武汉的汉正街，成都的宽窄巷子，重庆的磁器口、东水门等等。城市历史街区和旧城地段，先后推进和实践了城市有机更新的工作。在北京、上海这些文化和经济引领首位度很高城市的带动下，各省市和地区中小城市旧城更新工作也根据自己城市地域文化和市民生活要求特点，在不同程度的推进和实践旧城更新的工作。

我国城市旧城更新的工作由 20 世纪末开始，一直到当前仍然在持续推进，经历了逾 30 年的时间，表明了这项工作的持续性、工作量和复杂性。近年，国家住建部在全国各大城市持续提出"城市双修"❶的工作推进与示范，大部内容是指城市建成部分的优化完善和修补工作，与旧城更新工作有一定的学术关联度。当代中国提出对自己民族文化的重视，提倡文化自信、文化自尊，在现代国际化社会的发展中体现出文化自强的重要作用和价值。城市文化是推进社会进步和经济发展的重要支撑，城市旧城和历史街区的保护和延续工作，是体现文化自信和文化自尊的重要内容。

3 重庆都市城市更新生长性的理论认识

3.1 重庆城镇化发展与都市形态演进

重庆是我国第四个中央直辖市，是典型的山地大都市❷，是以山水相隔、组团发展的山水城市。重庆都市人居环境的空间形态和山水格局，在城市规划形态学方面具有独特的学术地位，在世界上也是独一无二的。自 20 世纪 80 年代改革开放以来，

---

❶ 2016 年，住房和城乡建设部提出"城市双修"工作，生态修复、城市修补，主要是针对我国城市建成区的优化，改善旧城人居环境、转变旧城发展方式。
❷ 重庆于 1997 年设立为中央直辖市，是继北京、上海、天津后的第四个中央直辖市。

爱丁堡·王宫

2012 年 5 月

重庆经历 40 年的发展和变革，直辖市建设、三峡工程建设❶、长江上游中心城市建设等国家举措，城镇化发展和人居环境质量建设发生了翻天覆地的变化。重庆已经形成山水国际大都市的格局❷，拥有了国家西部地区中心城市的重要地位。

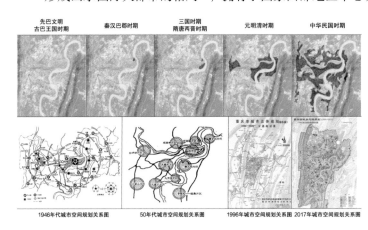

| 先巴文明
古巴王国时期 | 秦汉巴郡时期 | 三国时期
隋唐两晋时期 | 元明清时期 | 中华民国时期 |

1946年代城市空间规划关系图　　50年代城市空间规划关系图　　1996年城市空间规划关系图 2017年城市空间规划关系图

重庆主城空间形态历史发展演进图

重庆直辖市设立（1997 年），重庆形成 3200 万人口、8.2 万平方公里的特大城市规模，成为大城市带动大农村的城镇化发展创新格局❸。西部大开发（2000 年）、长江经济带发展战略（2005 年）、国家新型城镇化发展战略（2010 年）、国家一带一路倡议（2016 年）、长江生态带建设（2017 年）、国家对自然资源和生态环境的重视（2018 年）等，这些系列工作，促使重庆城镇化发展以非常规模式演进，上到一个崭新平台，2017 年重庆城镇化水平接近 60%❹。重庆都市人居环境空间形态建设、增长和发展形成了特色；直辖市地区社会经济发展上到新的台阶；重庆区域交通和市政设施建设等，走在全国前列。重庆成为国家长江上游地区的中心城市；重庆主城区山地大都市形象、三峡库区城市、镇新人居环境建设形象等，充分反映了国家新世纪建设以来在西部地区城市建设质量和水平。

重庆的城市形态呈现组团式格局，由于山水环境的自然因素影响和历史形成过程使然❺。在明清时期，重庆的渝中半岛为城市的历史城区，为今天的旧城，城市在

---

❶ 三峡工程建设，中央于 1992 年正式提出；1994 年全国人大会议表决通过，正式启动，城市、镇迁建和移民工程大规模开始；1997 年在三峡大坝实现长江截流工程、水利枢纽工程建设全面铺开；2009 年，三峡大坝水利枢纽工程建设完成，初步实施发电和防洪工作；2009 年，库区城市、镇搬迁工程、移民安置工作初步完成，库区的人居环境建设进入后三峡时期。

❷ 重庆山水城市的空间形态、文化特征、市民生活风貌，使重庆已经成为网红城市，在世界上也是独一无二的。以城市山水都市风貌来发展旅游资源，已经成为新一届政府的战略方针之一。

❸ 重庆直辖市设立，大部因素是三峡工程建设，同时形成"农村直辖市"的客观条件。在 1997 年直辖市成立之初，重庆根据区域发展的资源条件、城镇化发展水平情况，划定为以渝西主城为核心及其辐射范围的城镇化发展地区，从当时城镇化水平看，在 28%~30% 左右；以长江三峡为延伸的渝东北地区，包括涪陵、万州等城市地区，其三峡环境所形成的森林资源、生态农业发展、移民安置和新城迁建以及区域交通体系建设等为城镇化发展的支撑，城镇化水平当时不到 18%；以少数民族聚居为特征的渝东南地区，当时城镇化水平不到 15%。

❹ 参见 2017 重庆统计年鉴资料。

❺ 重庆城市因山水环境形成组团格局：川江、嘉陵江，在朝天门交汇，长江向东穿三峡而去；重庆有南北走向的四条山系，缙云山、中梁山、铜锣山、明月山，重庆山水交汇，形成城市组团，城市在山水切割的地理环境中发展。

磁器口·传统聚居

1998 年秋

长江和嘉陵江的临水岸线得到繁荣发展；在民国和抗战时期，中央政府内迁重庆，城市规模空前扩展，形成江北、沙坪坝、北碚等新的城区；20世纪50年代，中央三线建设和西南行署的发展，重庆形成九龙坡、大渡口等新的工业建设区；"文革"十年，重庆与全国一样，城市建设处于停滞状态；改革开放后，重庆为四川省辖市，经济上计划单列，发展仍然缓慢；1997年重庆直辖市成立，重庆迎来她的第二次国际大都市的政治地位和经济地位●；续后，中央关于西部发展、长江经济带的发展等一系列战略举措，都为重庆的发展提供了生长活力。

3.2 重庆都市城市更新的生长性

论文所说重庆主城的旧城区，主要是指渝中半岛区、江北旧城区、沙坪坝旧城区、南岸旧城区、北碚旧城区、九龙坡工业旧区、大渡口工业旧区等。重庆自20世纪改革开放以来，特别是直辖市成立以来，城市建设得到极大的发展。中心城区的城市人口由300万（1997年）发展850万（2017年）●，主城的建设经历了一个极大的城市改造和城市新建的过程●。重庆的房地产起步于20世纪90年代初期，在经济发展和城市建设的驱动下，城市向两个方面发展，一是城市建设向外拓展，形成新建区，二是城市向内改造和旧城拆建。严格意义上讲，重庆近30年的城市建设，到目前为止，重庆主城区的历史街区已经所剩无几。重庆主城目前保存相对完整的历史街区仅有沙坪坝的磁器口历史街区●，主城还剩余一些不完整的历史地段，如渝中半岛的东水门、十八梯、南岸的米市街、北碚的金刚碑等；工业旧区也多在工业企业发展不景气的"关停并转"中逐步消弭，大部厂区在向远郊区县搬迁的过程中，旧厂区为房地产的开发所取代●；大渡口区著名的重庆钢厂工业厂房●，面对全部搬迁局面，在城市文化、历史、规划和建筑专家、媒体的多方关注和呼吁下，留存部分旧有厂房建筑做成工业博物馆。

重庆的旧城更新工作，与全国同步，经历了90年代的大拆建、新世纪初城镇化

● 重庆在1938—1946年间，为中华民国抗战时期陪都，是世界远东反法西斯中心城市，时为国际大都市；1997年重庆成为中央第四个直辖市，为西部地区的中心城市，重庆市人民政府提出建设以山地城市风貌为特色的国际大都市目标。
● 参自重庆市统计年鉴相关资料。
● 重庆主城区，主要是指以渝中半岛为核心、交通联系和空间形态相对紧凑的城市建成区，包括：渝中区、江北、渝北、南岸、沙坪坝、九龙坡、大渡口、北碚等区的城市组团集群。
● 磁器口为国家级历史文化街区，2017年住建部颁布。
● 重庆在国民政府抗战时期，内迁很多的兵工企业，三线建设时，国家布局较多的钢铁、军工、化工企业等，近30年的现代工业发展，城市建设和旧城改造，工业区几乎为房地产建设项目所取代。
● 重庆三钢始建于1927年，为民国时期的钢铁企业，后历经抗战时期、三线建设时期的建设发展，为重庆钢铁企业的代表。2000年左右，因城市环保的需要，工厂逐步迁往重庆长寿区，企业发展不景气。

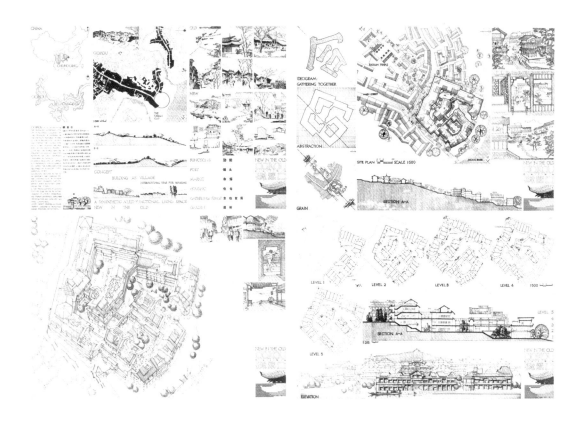

重庆磁器口早年"旧城更新"与"历史街区"保护国际学生竞赛方案

重庆大学 – 加拿大 University Manitoba 联合研究生教学，RIBA 佳作奖（主要创作研究生：赵万民、Siger Poles 等四人）

1987 年春

大发展时期的迷茫和探索，到城镇化发展后期文化自信的认识和觉醒。30多年变化，重庆都市旧城区的建设和空间发展，与全国大城市一样，经历了"建设—发展—保护—更新—再发展"的时空过程；"由量到质""由质到文化品质提升"的演进发展过程。重庆在城市更新的学术工作上，由于山地形态复杂性、文化多样性、生态敏感性、工程技术难度等因素，比较我国一般大城市有了更多层面的技术支撑点、民生关注点和文化内涵发掘点，以及山地都市所具有的特殊生态与安全的意义。

由于山地都市空间的特殊性，重庆城市更新工作具有如下"生长性"特点：①山水城市形态的整体性：城市与山水空间相互融合，城市的生长性与山水空间密切联系，依据山水格局，从历史演进而来，形成今天的城市特点和风貌，向未来发展而去。②城市的紧凑性与有机性：山地城市的人地关系，特殊空间的技术指标，三维城市空间形态，街区肌理、路网关系、坡度和坡向、建筑密度和容积率、日照和间距等，形成紧凑的城市空间和生活特点。③城市生态性与安全性：城市的建设行为在山地条件下进行，大多情况面对地形的改造和利用，高截坡、高堡坎、吊脚楼，城市更新工作，绝大部分是增加人口居住密度和建筑容积率，对应地形的安全度、地基的承载力、场地的建造技术等，需要特殊的技术处理。④城市三维性与空间复合性：山地城市具有三维空间特征，城市更新工作是以改善城市空间品质、增加用地使用效益、提高人居环境质量为基本前提，在建筑和人口密集的旧城区建设和发展，进行三维空间（地面、地下、空中）的开发和利用，是常规性也是创新性的工作。

4　重庆城市更新生长性实践探索

事物的发展，具有其规律性，往往为时间、空间、事件、人物所影响，形成发展的轨迹和内在联系，形成结果，又反馈和作用于事物的演进和再发展，产生社会的作用力、理念的作用力、科技教育的作用力、生态的作用力等等，笔者将这种作用力的构成及其演进规律称为"生长性"。文章探讨选取笔者经历、并与重庆城市更新学术研究相关联的几个案例，从历史认识、教育认识、生态认识方面，探索其时代意义及其影响价值，来表达"城市更新"学术探索的生长性及其发展思考。

4.1　早年重庆磁器口历史街区城市更新探索

20世纪80年代中期，我国的城镇化发展尚在起步期，城镇化水平约在20%左右；

四川乐山·岷江
1983 年 10 月

城市建设工作百废待兴。城市更新和历史街区的保护工作尚未开始，理论研究和建设实践的认识十分薄弱。此时西方发达国家，如欧美、加拿大、日本等国家，城市化水平达到 70%，进入城市化发展后期，西方发达国家进入了城市更新和旧城保护的工作阶段。

1987 年，重庆建筑工程学院（现重庆大学）与加拿大 University of Manitoba 联合研究生教学，在重庆组织城市设计的"Studio"。联合教学以城市更新为题目组织教学活动，中方和加方各派出教授和研究生，形成教学小组 ❶。教学项目选择重庆沙坪坝的磁器口为研究场地，进行联合教学的城市设计活动。同时，经加方提议，这项研究生联合教学的城市设计最终成果，将参加由英国皇家建筑学会（RIBA）同年组织的世界建筑院校的国际设计竞赛。

1987 年 RIBA 竞赛的规定题目为"NEW IN THE OLD"（城市更新）；要求面对世界城市化发展中城市旧区衰败的问题，用城市设计和建筑学的方法，提出城市更新的理念，解决当地居民的居住和生活复兴；同时，考虑城市文脉延续、街区空间振兴、邻里和谐等社会学话题。竞赛规定用设计图和相关图文的方式，表达对城市场地的认识、构思理念、空间设计、建筑表现等内容，形成相关的成果形式。在联合教学的过程中，中国和加拿大教授通过商定、在加方教授们的促进下，选取离重建工校园不远的磁器口历史街区为主题场地，进行教学工作。当时，重庆沙坪坝的磁器口街区濒临破败，建筑、街道几近颓倒，庙宇烟火断续，原住居民外搬，几无历史上人客兴旺商肆—水运码头的人气了 ❷。

联合教学的城市设计工作，分成中—加师生融合的教学小组。其中，笔者所在的学习小组，场地选择磁器口传统街坊与古老嘉陵江码头的结合处为切合点，在城市设计上，构思将社区、码头、商肆、居住、休闲空间融合为一体的设计理念，形成新的人居环境"融合"（Gathering Together）的空间形态；在建筑设计上，利用山坡地环境，空间环境结合自然，设计风格采取现代和传统聚居的结合，融入历史街

---

❶　1985 年，重庆建筑工程学院（现重庆大学）建筑城规学院前任院长李再深教授，与加拿大 Manitoba 大学建筑学院签署联合教学合作协议；1987 年春学期，重庆建筑工程学院建筑城规学院派出罗裕琨、黄光宇、夏义民、黄天其、张兴国等教授为教学指导老师，赵万民、顾红男、唐露、江汀等 9 位研究生为学生代表；加拿大 Manitoba 大学建筑学院派出 Thomas Hadey、Ratry、Judith 教授等为教学指导教师，Sergio Poles、Divid Chen、Andrew Simith 等 9 位研究生为学生代表，形成联合教学小组，在重庆建筑大学留住为期两个月时间，进行研究生联合教学工作。
❷　重庆的磁器口历史街区，在明清时期繁荣，因磁器常常停靠岸边转运而得名，又嘉陵江的水陆货物转换，而商肆兴盛；抗战时期，重庆大学、中央大学等在此比邻办学，教育文化兴旺；诸多文化名人聚居于此，形成著名的"沙磁文化区"。

西西里岛·山地小镇

2010 年 8 月

区的肌理和城市文脉，形成山地院落风格，建筑内外院落形成社区居民的交往空间和休闲环境；在景观空间组织，形成轴线，将江边的码头、民居院落、街市、山头的庙宇（宝轮寺）、园林等形成景观组织和序列，加强古镇历史文脉的延续性，凸显城市历史上所具有的空间序列层次感。

此次教学设计的成果之一（集体成果）[1]，在竞赛中获得 1987 年 RIBA 的佳作奖，这在初期开放的中国，以及初步探索国际联合教学的重庆建筑工程学院来说，是一件大喜事，对加拿大 University of Manitoba 建筑学院的师生们也是一件大喜事，国际联合教学获得初步的成功，重建工、加拿大的学生和教授们都引以为荣；再者，对刚刚开启国门、缓慢走入国际建筑学术交往的重建工的同学和老师都是极大鼓励。

笔者事后体会，此次对磁器口的国际联合教学和研究探索，具有重要学术意义和价值；这项工作，对当时重庆市规划管理部门和地方政府也产生了极大的学术促进和认识提升价值，使他们认识到城市历史街区复兴的生命活力，以及历史街区和传统建筑保护的社会意义和国际话语价值。由此，自 1987 年以来逾 40 年时间，在重庆城市规划、建筑学术界的不断呼吁下，在重庆市规划局、建委、文物局、旅游局等职能部门、重庆市历史文化名城保护学术委员会等学术团体的推动及沙坪坝区地方政府的逐步重视下，重庆磁器口历史街区得到各个阶段实时的保护、城市更新理论和建设实践的工作推进。

当前，磁器口成为重庆主城区比较成规模的历史文化街区，为重庆主城的旅游名镇，每日游者如潮；同时，磁器口成为地方政府推进"沙磁抗战文化区"建设复兴的重要支撑。2017 年，国家住建部和文化部批准颁布磁器口成为国家级历史文化保护街区，磁器口历史街区的保护和发展进入健康发展的轨道。

在 1987 年，重庆建筑工程学院和加拿大 University of Manitoba 建筑学院的师生们对磁器口历史街区保护和有机更新的研究和探索工作，以及由此在国际上和国内范围所形成的推进与影响，是重要的学术认识和思想启蒙的引领性工作，功不可没。

4.2 《解读旧城》——"城市更新"的教学实践探索与认识

在 2000-2006 年间，笔者与学院其他老师一道，较多承担了重庆大学城市规划

---

[1] 中加联合教学小组送出四份城市设计的成果，参加 1987 年 RIBA 的国际竞赛，以新人居环境"融合"（Gathering Together）的城市设计方案获得佳作奖，具体承担设计的研究生为四人：赵万民（中）、Sergio Poles（加）、Tim Wu（加）、江汀（中）。

法国·圣米歇尔山

2017 年春

法国·圣米歇尔山融"城镇、建筑、景观"三位一体，是欧洲古典山地人居环境的典例。

——作者注

专业本科生"旧城更新"的课程。我通过对同学们教学的实践过程从另一侧面认识城市的旧城，以及认识青年学子对旧城更新的认识和理解。我将所带过的城市规划1999级和2000级的教学小组同学们的工作进行整理，形成《解读旧城》的小书出版发表。到今天10多年过去，再回头看当时的教学认识和同学们的学习心得，很有教育的反思和学术再认识的价值❶。

在《解读旧城》书"序"中，笔者以"我国建筑事业的本土文化精神需要从培养学生做起"为题，写了相关文字，表达当时对"城市更新"教学工作的认识（摘录）：

"中国的建筑和城市文化观正处在一个'鱼龙混杂'的时代。面对经济全球化和东西方文化的碰撞，中国的城市、建筑特色在'快速城市化'的过程中面临逐步丧失的危机。就总体看来，当前的大学生，由于他（她）们生长的客观时代和社会环境的影响所致，在自己民族文化的根基方面，是比较肤浅的，缺乏对本国本土文化的深层理解和日常生活的必然依存。就我们建筑学和城市规划教育而言，面对城市规划和建筑教育的本土文化危机，容易忽略教育的责任和义务；而对本土文化的重视、延续和发展，还应该来自教育行为的本身。

"我国建筑和城市规划教育工作需要高度重视自己本土性和地区性服务的问题，需要重视城市和建筑文化多元化，培养植根本土文化的建设人才。

"重庆大学建筑学和城市规划的本科学生，在第四学年安排有'城市历史街区有机更新'的设计课程，教学的目的在两个方面：其一，培养学生对城市历史街区的认识，掌握历史街区更新的基础理论和基本技能；其二，引导学生认识城市历史街区和建筑形态，从中培养学生对自己本土文化的理解和热爱。

"通过旧城更新的课程学习和训练，对培养同学们的综合分析和解决问题的能力，效果是明显的；通过教学唤起同学们了解基层市民生活的困难以及解决困难的社会责任感，理解文化街区蕴涵的生命活力和文化魅力，以及培养同学们热爱本土文化的思维方式与技术方法。所以，课程的设置和训练对学生们又是极其重要的和必须的。

"但随社会发展，经济景况改变，城市化促进旧城加速变迁，社会认同文化和人们理解文化的程度改变，使得课程开设有了新意；当代学子，思维敏捷，信息量广，

---

❶ 赵万民等编著.解读旧城 [M].东南大学出版社，2008.（主编，赵万民，参与编著人员，重庆大学城市规划专业本科1999级，陈科、文渊、王耀兴、李云燕；2000级，童钧、方瑜、樊瑶、柳春）。

法国·圣米歇尔山城堡内街

2000 年 10 月

个性独立，理解和热爱文化的方式反映了时代的进步与价值追求，促成课程教学内容和观点不断发展以适应时代进步的节奏。"❶

协助老师整理这本小书的同学们，经历老师带领他们"旧城更新"课程学习的过程，目睹城市的建设发展速度对历史文化街区的冲击和影响，认识到保护和传承城市文脉的重要性，以及对城市旧区居民的生活环境有实地的认识和体验，有改变和提升居民生活品质的社会责任感，这对他们今后从事城市规划职业有着重要的基础铺垫和培育作用。今天，当时跟随老师一起上"旧城更新"课的同学们已经成长，成为城市规划各个行业的骨干力量，在不同的岗位发挥着重要学术和技术支撑作用。

以下文字，是当时同学们在《解读旧城》资料整理过程中的认识，表达在书的"前言"中（摘录）：

"我们生活在一个独特而有趣的城市——重庆。从我们学校大门出发，往右坐车五分钟，你便来到沙坪坝的中心地段——三峡广场步行街，这里高楼耸立、人流密集，俨然一幅'重庆森林'般的繁华和喧嚣；同样从学校大门出发，往左坐五分钟，你会来到重庆市的千年古镇——磁器口，这里风景优美、古色古香，宛如一幅'世外桃源'的景象。很难想象，以学校大门为中点，各自五分钟的车程竟然连接着两个截然不同的生活场景和物质世界。

"在大学五年级的第一学期，我们迎来了'旧城有机更新'的课程，终于有了对城市历史街区和古镇保护与发展问题进行学习的机会。这是我们第一次系统地对城市历史街区进行深入调查和分析，也是第一次采用团队合作的方式进行课程学习。课程采用'实地调研—问题总结—构思提炼—方案比较—深入设计'的工作模式，每个小组一般都由13-14人组成，前期大家在一起进行现场踏勘，包括环境调查、交通调查、街区调查、社会调查、建筑测绘、类型分析等工作。老师从课程的学习，引领我们由浅入深逐步掌握知识，培养我们对自己民族文化的热爱和学养根基。

"在调研中同学们发现，虽然街区内留存着重要的建筑文化遗产，艺术价值很高，但生活在其中的居民的生活状态却令人担忧，建筑陈旧破败、公共设施缺乏、生存环境恶劣、古迹损坏严重都是非常普遍而又需认真对待和解决的问题。多次的调研都让我们对传统街区有了更深的理解，而每一次与居民的访谈和交流则让我们增添

---

❶ 参见《解读旧城》"序"，作者赵万民。

拿波里·山地王宫

2010 年 8 月

了一份职业责任，那就是我们有义务改变现在的一切，我们应该为街区更好的人居环境建设做些什么。

"呈现在这里的便是我们两个年级课程小组各自历时两个月的调研和设计成果，这不是传统意义上的优秀作业集，而是我们学生对'旧城'的一次集中的解读，一次理性的思考，一次对热爱自己本民族文化的启蒙。它是我们每个小组成员关于自己对于'旧城有机更新'的心路历程和写照，或许方案还很不成熟，或许还有诸多尚待解决的问题，但这毕竟是我们作为未来规划师对于'保护城市和建筑文化'做出的第一次有益的尝试和实践。"

重庆都市与全国的大城市一样，在城市化发展的过程中，随着城市人口的集聚、街区容积率和建筑数量的增加，城市向高层和高密集度发展，旧城和历史街区在这个过程中变得越来越少，不少历史街区在旧城改造过程中已经彻底消失。建筑教育的价值，就是要培养我们的后代，传承优秀的本土文化精神，植根他们血液中的文化根基，此为"文化自信"和"文化自强"系统工程。使后学成长起来，为国家文化复兴，为改善老百姓生活环境，发挥更多的社会作用，做出更大的学术贡献❶。

4.3 三峡库区传统古镇搬迁保护更新实践：龚滩案例

重庆酉阳县龚滩古镇，位于酉阳乌江边，与贵州省源河县隔江相望；古镇起于明末，后因水陆物资转运、"川盐济楚"等交通和商业因素，在清初康乾、清末光绪、民国和抗战时期，数度繁荣；川、渝、滇、黔、湘、楚、陕等地商贾聚集，货栈、会馆、客店兴建，地域建筑文化交融，与山地生态环境结合，形成人居环境及其独特的山地古镇风貌❷；解放后因陆路交通建设、乌江航路拓宽等因素，小镇物资转运功能逐步消失；因地处偏远，交通不便，在城镇化发展的过程中，龚滩古镇得以被动保存。

三峡工程建设，乌江彭水建次级水坝电站，2000年建设工程上马，乌江水位整体提升近40米，龚滩古镇整体遭至淹没，并需要移民搬迁。

龚滩古镇如果被彻底淹没和毁坏，将是重庆历史文化和古镇保护的巨大损失。在重庆市规划局、文物局、旅游局、重庆市历史文化名城保护委员会、重庆大学专家、

❶ 在《解读旧城》的后面部分，选录了三篇关于我国历史城区保护和旧城更新的学生社会调查报告。分别是：1.新天地"品牌"可否注册城市商标——上海新土地及其文化现象的调查与思考；2.苏州古城正在走向孤独——苏州吴中区水乡历史街区危机调查；3.如何留住街巷中的最后一缕阳光——成都传统街区（宽窄巷子）去留问题调查报告。报告从实际调查的视觉，反映了同学们对上海、苏州、成都三个不同城市历史街区保护和旧城更新的社会问题和思考。
❷ 1999年，重庆市规划局、文物局、旅游局等职能部门，对重庆直辖市范围的历史古镇做质量调查和评估工作，遴选出20个历史古镇为首批市级文保单位，龚滩古镇居首。

威尼斯·叹息桥

2017 年 10 月

地方政府的呼吁和努力下，与彭水电站经营单位大唐公司几经协调，达成协议，龚滩古镇用"保护性搬迁"的方式，进行移民安置和古镇传统街巷、文物建筑搬迁建设，并进行相应的移民搬迁和安置经费的补偿❶。

重庆大学山地人居环境学科团队❷，受重庆市旅游局和规划局的委托，于1999年就开始对龚滩古镇进行了保护规划和建筑测绘工作❸。在重庆市规划局、文物局、市旅游局的行政管理和技术配合下❹，在地方镇政府的组织下，2004年重庆大学人居环境学科团队与重庆市文物局考古研究所一道，对龚滩古镇进行了新址选定以及保护搬迁规划设计工作❺。2005年，地方政府组织施工单位❻、地方乡民，对龚滩古镇进行了保护性实施搬迁和建设工作；2013年保护搬迁工程初步完成；2014年地方政府对龚滩古镇进行旅游"开街"的庆典活动。

龚滩古镇新的人居环境初具规模，目前，新搬迁的龚滩古镇成了重庆著名的旅游古镇，成为重庆新的富于活力的旅游小镇。老百姓、地方政府因古镇旅游的综合收入而逐步致富，经济文化得到良性发展。

龚滩古镇的保护性搬迁工作获得成功，这是一次特殊的城市更新工作，体现出城市更新的生长过程。从人居环境科学研究的角度看，有如下学术认识可以总结：

（1）生态优先的原则：对山水环境的尊重，人工建设适应地形、适应自然生态、适应地形地貌，在新的选址条件下，充分体现新建成的人居环境与山水自然和适应关系和融合关系，反映了生态优先的原则。

（2）设计结合自然（design with nature），人工建设充分结合自然，包括基础设施、建筑形态、景观风貌等，对地方材料、地方技术、地方工艺的利用和发掘，整个搬迁建设工程是低碳的、是生态的、安全的。

---

❶ 龚滩古镇"保护性搬迁"的方式，将增加移民安置和城镇迁建的补偿经费，据不完全数据，将比原计划拆迁经费超出一个多亿的补偿费用。
❷ 龚滩古镇的保护与搬迁规划工作，重庆大学山地人居环境学科团队当年的主要参与人员有：赵万民、韦小军、李泽新、赵炜、段炼、戴彦、雷诚、李云燕、杨黎黎、张晋钟、王萍等。
❸ 1999年，在重庆市旅游局赵小鲁处长的支持下，重庆大学赵万民教授及其团队对重庆市最具有历史文物价值和旅游开发价值的两个古镇龚滩和龙潭进行了保护规划和传统建筑、街区的测绘工作。
❹ 在2002-2003年间，重庆市文物局吴涛副总工程师、重庆大学赵万民教授、规划局李世煜总工程师、重庆历史文化名城保护委员会何智亚主任、重庆市旅游局赵小鲁处长等专家学者，就龚滩古镇的保护性搬迁工作与彭水电站建设单位大唐公司，进行多次交涉，并对媒体呼吁，向政府职能部门反映，最后与公司形成协调，用异地保护性搬迁的方式，对龚滩古镇进行搬迁和移民安置。
❺ 根据用地条件、地形地貌、地质安全、交通可达性等综合因素，龚滩保护搬迁新址选择在乌江沿岸下游800米的小银滩。
❻ 2005年，重庆市文物局、龚滩地方政府对龚滩古镇进行保护性搬迁实施工作，规划设计及古镇建筑测绘单位：重庆大学城市规划设计研究院有限公司，基础设施和施工图设计单位：浙江省古建筑设计研究院，施工建设单位：湖北殷祖古建园林工程有限公司。

Taormina
small town
in Sicily, Italy
wan min.
2010. aug. 14.

西西里岛·Taormina 小镇
2010 年 8 月

（3）是一项典型的民生工程，为老百姓所想、由老百姓而来、为老百姓而做、成老百姓所有；对传统文化的延续和保护，对地方人文的发展；对地方旅游经济的促进和发展，起到创新性的作用和价值。

（4）是民间的能量和老百姓的利益、人居环境科学理论与技术、政府的决策和管理"三位一体"的建设模式。

（5）是"文化自信、文化自尊、文化自强"的具体探索与实践：看得见山、望得见水、记得住乡愁。

5 结语

论文从城市更新的"生长性"概念，提出理论与实践的认识和思考。重庆是我国西部大都市，对于城市更新的工作，在历史发展的脉络和时间进程上，与全国的发展有呼应关系，因此，学术的观点讨论有其共通性。另一方面，重庆是一个山地城市，因于山水风貌、生态环境、文化演进构成的特殊性，面对的学术问题有其复杂性，有不可复制的地方，由于城市三维空间的复杂性，使得这项研究工作有它所特有的创新性，对于山地抑或平地城市的旧城更新研究工作，有一定的普适性价值和学术讨论价值，一些学术观点，仅为个人阶段性思考，不乏浅陋，希望得到同行专家的指点。

随着国家城镇化发展，以及城乡建设工作的转型，现代城市更新在我国当前以及接下来相当长时间阶段，将成为热点话题和学术关注点；同时，生态理念的纳入、文化理念的纳入、民生工作理念的纳入、资源环境理念的纳入，现代信息社会的多元化，使城市更新的研究工作增加了更多的层次和更丰富的内容。科学性地探索其发展规律，提出创造性的学术见解和实践贡献，将使学者们充满信心，面向未来。

意大利·威尼斯运河

2017 年 10 月

12　聚居的体验：山地人居环境空间场所考察

1　前言："聚居的体验"——学术由来及其认识

城市和建筑绘画是我们行业的基本素养之一，也往往成为建筑师、规划师、景观设计师个人的生活爱好和毕生的修养 ❶。1978 年 9 月，我入重庆大学（原重庆建筑工程学院）建筑系读书。80 年代初的建筑教育，计算机使用尚未兴起。客观条件迫使学生们必须在基本技法上过得硬，包括绘制线条能力和色彩表达能力。当时的建筑工程类学校，都十分重视建筑绘画（素描、速写、水彩、渲染图等）的课程训练。专业授课的老师们，也大都具有很好的建筑绘画技法和图形处理能力。在全国，建筑学、城市规划、风景园林的教育导向，崇尚绘画技能与建筑 – 城市 – 园林空间创作思维的联系和形态设计 ❷。

大约在 1979 年，建筑学界曾推出第一册《建筑画选》❸，包括钢笔、水彩、水粉、

---

❶　我曾学习过一点书法，入大学前对绘画仅于喜爱。古人讲，"书画同源"，我自觉书法的笔墨韵味与章法、审美导向与意境，和绘画是相通的，这对于我习画乃至后来城市规划和建筑学专业素养的学习和培养，有着很大的帮助。

❷　大学的本科学习中，我的绘画技能多得益于余文治教授、赵长庚教授、马如骐教授、漆德琰教授等的面授和指导，受益终身。后来在四川成都的短暂工作中，认识重庆建筑工程学院毕业的学长马长辐先生，在绘画的技巧和修养方面，时得指点，获益良多。再后，研究生学习期间，我的导师徐思淑先生在绘画、书法方面的综合艺术修养，颇有造诣，言传身教，也促我不断进步。

❸　《建筑画选》第一册，由中国建筑学会选编，中国建筑工业出版社出版，1979 年 10 月；该书选编和介绍了当时我国建筑学术界（含建筑学、城市规划、风景园林、室内设计等）学者、专家、教授们的建筑绘画作品，在学术界影响很大。

The church in Street
of Athens. Zhaowm
2001. Jnam.

希腊·小教堂
2001 年 1 月

渲染图等画品类，图片印制也十分精美，这对建筑系学生影响巨大。当时"文革"初过，资料缺乏，学生们对建筑、城市、园林景观等的形体、色彩、空间表现和线条生命力的认识和学习，这本《建筑画选》是当时难得的启蒙教材之一。此书中，青年学子们对一些前辈如梁思成、杨廷宝、童寯、李剑晨、吴良镛等的作品，更是喜爱有加。由此而及，使"文革"后大学生们了解到这些前辈们的学术思想和学习经历，逐步在学习方法和专业眼界上有了一个健康的开端。

山地人居环境系列研究：聚居的体验
（2017 年 4 月）

续后，笔者在研究生期间的学习和出国经历，以及后来工作中的访学和考察，使我有机会接触到更为广阔的世界，体会到世界建筑空间和城市文化场所的精彩和丰富。欧美院校的建筑教育，对学生的绘画能力培养和引导十分重视，尤其珍爱学生们的艺术天分和人文修养。我亲见建筑院系学生的建筑、城市历史课放在希腊雅典卫城实景考察中，来进行讲解、感受；或者经常可见在法国巴黎卢浮宫中，教授为学生们讲解古埃及、古希腊、古罗马历史、文化和艺术特色，以及它们对欧洲后世及美洲新大陆城市、建筑文化的发展、传承和影响。

1992 年，笔者有幸成为吴良镛先生的学生，从事博士研究生的学习，使我能够在学习人居环境科学的同时，耳濡目染吴先生的艺术修养和学术境界，滋养我学术成长的道路。吴良镛先生提倡"科学求真，人文求善，艺术求美"的人居环境融贯思维方式，促使我学术不断发展和有所进步，谦虚求索，并终身秉持。

笔者于 2017 年 4 月在中国建筑工业出版社出版《聚居的体验——赵万民城市·建筑速写集》，这本集子是 20 多年来笔者在国内外学习和参观时，利用空闲时间，对不同城市和建筑环境所做的体验和记录。古人云"读万卷书，行万里路"，对于城市规划和建筑学者，"行万里路"有时更甚于"读万卷书"的人生体验和学术感悟。我时常被所走访过的秀美山川、城乡人居环境的奇妙品质所感染，情不自禁地记录

成都·沙河
1983 年秋

入画。不同地区、不同城市、不同国度，必然呈现出不同的社会、文化和民俗风情，这种比较学习和场所体验，使笔者获益良多。

在城市—建筑速写作画的经历中，一些到访过的国外和国内场景，或因路途遥远，或因条件所限，可能终身仅此一游一画，不可复得；而另一些场景，或因城市、建筑环境的变故和历史发展的损毁，境况不再，将成永远记忆……

2　城市—建筑速写：从业人员的学术素养和文化修养

作为城市和建筑速写，是对不同文化和历史背景的人居环境实景记述，最为难得的是"此时""此地""此情""此境"的感受和体验，以及对描述主体所需要表达出的历史内容和空间取舍。城市和建筑速写的艺术形式，既是情感的表达，又是时空的记录，不仅是绘画作品，也是专业史料，这与单纯的绘画艺术有实质的区别。这是行业工作者特别感到学术充实和引为自赏的地方。建筑绘画的艺术形式，由学界前辈们创立和开拓而来，由后辈学人继承和发展、传承下去。现代社会进入信息时代，计算机的发展为人们带来模仿和复制的方便。但是，作为建筑学、城市规划、风景园林工作者，不应该也不可能使其创作情感最终由机器来取代。

人居环境空间场所的学习与体验，从城市、建筑速写的认识来说，笔者有一些体会，不揣赘述，以供交流。

大地山川、人类聚居环境、城市建筑等，其空间形态所蕴含的美感极其丰富，而且真实可及。如艺术家罗丹所言：生活中不是缺少美，而是缺少发现。城市—建筑速写画，从打动自己的空间场景入手，形成构图和画意，而蓬勃于心，此所谓"意在笔先"；情由境动，手随心至，以城市聚居、建筑语言的线条和体面跃然纸上，读来让人有对话感、有记忆感、有身临其境之感，有美妙可点可圈之处；若干年后，复见此画，仍能在诸多作品中跃然而出，复现当年场景、记忆和情感表述。此为所得体验之一。

再者，从文化的比较上认识，摄取速写绘画的题材和对象十分重要。城市规划和建筑学者，得益于工作之便，可以访游于全国亦或世界的不同地区、不同城市和建筑场景，人类聚居和民族文化的不同品质、形态特征、风俗习惯等，构成生活的丰富多彩，是城市－建筑速写的极好题材。东西方文化间、城乡之间、人工建造与

英格兰·老约克市

2012 年 5 月

自然环境间，形成全然不同的表达对象，这种文化的比较和描述最为有趣。当作品逐步汇聚，可以成集，回头来看，形成空间认识和聚居体验的文化叙事，欣然有所收益。此为所得体验之二。

西方的传统城市和建筑，多于石材建构，在阳光下，凹凸分明，光影进退，形成极为丰富的空间形态和文化特征。中国的传统城市和建筑，多于木材建构，与山水和园林结合，追求天人合一的自然意境。由此而来，对西方题材可较多于"面"和"光影"的表达，如西方素描的技巧取向；对中国题材而言，可多于"线"和"境"的表达，如传统中国画和"白描"的技法取向。而绘画的妙处，在于将西方的"面"和中国的"线"结合，融会贯通，表述对象，形成佳作。此种探索，如吴冠中先生等艺术大家的开拓和创新，其艺术风格和境界创立于世界之林。笔者在城市—建筑的速写中，喜爱并学习这种风格，也探索将"面"和"线"的结合，融入速写画中，寻求"体面"的表达能力和"线条"的生命张力，似有所识所悟。此为所得体验之三。

中国书法的艺术性和高妙的品位，全在线条与空间的黑白关系之间，形成结构、韵味、情感和意境。此种理念，可以借鉴于速写。城市—建筑速写的妙处，也在黑白构成之间。线条在白纸上（通常情况）创造空间，描绘环境，表达情感。就绘画表现的一般概念而言，绘画者多易于线条描述的"实体部分"着力表达对象，而对空白部分，其思维和语言在画面构成中的内涵关系和地位，往往容易被忽略或被忽视。作为速写，画面的"黑白"两个部分同等重要，画面的"空白"部分，往往是画面得呼吸空间、张力空间、想象力空间所在。很多时候，所见一些钢笔画作品，画者有能力将画面表达得十分结实，甚至繁满，易于忽略"空白"部分的价值作用和语言表达，而使画面失去"张力"和"想象力"，作品也就失去了相应的艺术品位。笔者自己也正在经历这样的历练和感受过程，所谓"学无止境"，望之愈高，觅之愈深。此为所得体验之四。

作为绘画而言，画面的整体性、结构性和艺术性十分重要。而对城市—建筑速写而言，除此之外，画面的鲜活感、流畅性和在地感却是比较关键的表达内容。所谓"鲜活感"，是从现场的写生中而来，从大自然中吸纳营养，从人居环境中提炼内容，从自己的认识总结中描述对象。城市—建筑的速写，与纯艺术的空间想象有区别，需要强调物象的真实性，不能进行随意的"移花接木"或"张冠李戴"的创造，

都江堰·牌楼

1984 年夏

应该忠实于所看见的对象；同时，也不是简单的摹写对象，而又有所取舍，是为自己的理解、画面的空间构成需要，进行艺术提炼的过程。所谓"流畅性"，是绘画情感表达过程和技巧的运用过程，使二者结合，浑然一体，画面不滞涩，不凝重，给人以流畅、通透、赏心悦目之感。画者被场景所深深地打动，有非画不可之感，不因环境的冷热风雪、喧嚣与孤寂而受干扰，往往就地执笔，即行入画境。同时，画者用"线"的有机性，来构成画面的趣味性，强调线条的张力、流畅和连贯，一气呵成，有仅此一画，不虚此行之感。所谓"在地感"，笔者体会是要有场地的特质，以及所描述对象的历史氛围感，将画者文化体验融入画中。譬如，描写欧洲古典小镇，要尽可能表达它的历史品质和场所特质，如教堂、钟塔、拱券、柱式、街巷、雕塑等，可谓很好地表达元素，同时将元素巧妙安排，纳入画中；而对中国传统古镇，又与周界的山水环境、林木山石、黛瓦挑檐、商肆铺面有着密切联系，着意捕捉，让人有场所的历史感受和联想，等等，不一而举。"在地性"的追求和表述，使速写作品具有文化和场所的特殊内涵，避免雷同和相似。鲜活的写生作品，往往可以体现出很好的在地性，有意识的自我训练和认识把握，可以增进"体验"和"表达"二者融合的能力。往往一件好的城市—建筑速写作品产生，会使画者对环境和场地、城市空间留下十分深刻的理解和记忆，对城市和建筑的文化、生态内涵构成关系，有难以挥去的认识，由表及里，经久不忘，从而也提升了学术修养和艺术认识的境界。此为所得体验之五。

3 行万里路、读万卷书：人居环境空间场所的体验

《聚居的体验》书著，曾经按笔者走访过的地区和城市，整理为国外和国内两个部分。国外部分包括希腊、意大利、法国、英国、土耳其等欧洲国家，以及亚洲的日本、东南亚等；国内部分包括重庆及三峡地域、巴渝古镇、川西少数民族聚居、国内南北方城市和地区等，文章在这里做概略的介绍。

3.1 国外人居环境部分

3.1.1 希腊

古希腊的文明，是欧洲文化的基石。她不仅影响和形成了古希腊、古罗马时代的辉煌，而且也深远地影响了后世整个西方文化的建构和发展。

涪陵·七码头

1999 年 12 月

残存的雅典卫城，今天仍然以"高贵的单纯与静穆的伟大"，如史诗般肃立于 Acropolis 山上。她不仅凸显于现代雅典城市的平面形态之上，而且仍然凸显于传统西方文化精神的丛林之中。古典希腊在城市、建筑、雕刻艺术上的审美品质与特征，仍然是现代人们审美评判的准绳之一。走进雅典，拜谒帕提侬。

3.1.2 意大利

意大利是世界上城市和建筑文化遗产最多和最集中的国家之一。意大利位于亚平宁半岛之上，多山和多海岸线，使整个国家的聚居环境位于山地和滨海。因此，城市、城镇和乡村聚居空间形态特别丰富，起伏蜿蜒，富于变化。意大利的城市和建筑文化，延续和传承了古希腊、古罗马和文艺复兴时期的营养和艺术精华，每个城市几乎都有各自的特点和个性。罗马帝王之都，宏伟大器，历史深厚；佛罗伦萨文艺复兴中心，文化张力浸润，城市充满艺术品质；威尼斯水城，由 14 世纪以来的商业文化繁荣，使人工在海滩筑城，城市—建筑空间形态和色彩极其独特；锡耶纳山地历史古城，精美之致，完全让人置于中世纪时代；米兰兼具了帝国传统和工业文明发展时期的双重特征；西西里岛则保留了古希腊和古罗马时期的原味和质朴……

到过意大利的人，特别是建筑学和城市规划的行业人员，都会为这个国家美妙和富于文化气质的人居环境品质和建筑艺术氛围深深感染。

3.1.3 法国

法兰西民族是一个浪漫的民族，同时也是珍视文化和热爱艺术的民族。法国在近代经历了两次世界大战后，仍然能够将自己国家大部城市，尤其是巴黎的历史文化遗产保护得如此完整，并在城市现代发展和传统文化的珍爱中找到平衡点和结合点，确实在世界城市建设史中，也是一件不容易做到的伟大工程。

巴黎的璀璨夺目，在于她同时拥有了两种生活特征，即现代国际都市的品位和质量，以及保留下来能代表中世纪以来传统西方文化的城市风貌特征。巴黎城市的保护和延续，反映出法国人的生活真实性和文化追求。巴黎自建都 800 年以来，法国人面对城市的建设和发展，除沉淀了古罗马时期的文化品质以及中世纪以来哥特高耸风格的建筑延续外，法国人一直在凸显自己的文化精神上下功夫，标新立异，富于创新性，经世不衰。建于 18 世纪的埃菲尔铁塔和建于 20 世纪后期的蓬皮杜艺术中心，虽在不同时代，却都是为了表达这种文化的创意和文化的凸显精神。

泸沽湖·摩梭聚居

2005 年春

法国的巴黎，集中了传统与现代、和谐与创新的文化品质。巴黎的宏伟、高贵、精致、现代，被人们认为是国际第一都市。

3.1.4 英国

英伦三岛相比欧洲大陆是一个在文化上相对独立的地区。走访英国，仍然是一件使人赏心悦目的事。工业化和城市化的提前发展，使城市和乡村富裕而整洁，人民彬彬有礼，民风淳朴，善良而真诚。

在英国，大小城市都可以看见工业化的影响。如伦敦、谢菲尔德等工业大城市，由于第二次世界大战损毁的原因，城市的更新和改造痕迹明显，历史建筑和街区与现代建设融合在一起。与笔者所到过的意大利和法国有所不同，英国人喜欢"有机更新"。当然，位于苏格兰的爱丁堡是个例外，以整体性的城市历史风貌保护而闻名于世，城市历史街区和建筑遗产与山地起伏变化完美结合，尤其以王宫、城堡为典型，风格独特，美轮美奂。英国传统城市建筑的主流文化，仍然深受古罗马时期文明的影响。

英国的乡村特别有趣。在英格兰，自然沃野，整洁有序，在山地的起伏中蔓延伸展，偶见马匹和羊群，散悠其间；而到苏格兰，则山地起伏而至陡峭，森林河流，交织其间；威尔士相对平缓。

3.1.5 欧洲其他国家

在曾经参访的欧洲国家中，分别有比利时、卢森堡、德国、荷兰、丹麦等，多是在旅行中进行的。因此，对走访的一些国家和地区，其城市和建筑文化的转折变化，颇感兴趣。笔者发觉或因地理、气候特点，或因人文、宗教趋向，或因民族、习俗等因素，从历史开始，就造成西、北欧这些紧邻的城邦国家之间细小的文化差别。语言的相异和各自民族的自尊，相互间希望文化的独立和民族的自尊，反而造就了西欧国家间文化的多元，以及城市和建筑特色的丰富多彩。这想必要"感谢"漫长的中世纪，虽然宗教的统一对人们的思想自由和创造性形成了极大的桎梏，却导致产生了这些城邦国家之间的各自为政和文化的个性发展。

学术的访游是有趣的，也是匆忙的。面对丰富而博大的城市、建筑博物馆，作为一个专业学者，充分享受到游历于不同的城市、民俗、建筑文化间的比较乐趣和人居环境的美妙。

泸沽湖·摩梭民居

2005 年春

3.1.6 土耳其

土耳其是十分有趣的国家，其文化性、宗教性、地域性，造就了土耳其的特色❶。土耳其位于亚洲和欧洲大陆的交接处，历史悠久，文化交融，使得建筑和城市特别精彩，民族文化富于特色。古罗马时期，罗马军团东侵，皇帝羡慕东方民族的物质富有，文化奢侈，生活享乐的方式，不愿再回罗马，而在土耳其建立别都君士坦丁堡，即今天的伊斯坦布尔，以致形成东罗马和西罗马两个部分，后导致罗马帝国的分裂，嗣后罗马帝国的彻底的衰亡。另外，土耳其是伊斯兰教的国家，"土奥"时代的军事强盛，历史上曾经辉煌，在伊斯兰国家中，形成较强的军事和宗教中心地位。世界三大宗教门类，基督教、佛教、伊斯兰教，构成世界的历史、文化、军事、社会、民俗等多个维度的精彩。

相比之下，土耳其有些例外。土耳其东部靠近沙漠地区，西部紧邻爱琴海。因此，东西方文明的交融，沙漠文明和海洋文明两种宗教和文化的融合，同时在这个国家和地区呈现出来，使其民族显得文化多样和生活精彩。伊斯兰城市和建筑，别具韵味和文化特色，所记录的城市和建筑场所充满宗教个性和地域风格。

3.1.7 日本

日本是一个深受中国文化影响的国家，自唐代"遣唐使"始，日本从中国学习了城市规划和建筑营建技术，而在本国发展，并形成风格和遗存下来。笔者访问日本期间，在走访神户、京都、奈良、大阪、东京等城市中，对其历史文化也进行了考察。发现其寺庙、园林、宫殿等传统建筑的风格与中国十分相近，传统建筑多具"唐风"。由于很少有本土上的战争，因此建筑少受战乱的毁坏，得到很好的保存。加之日本人精细的性格、尊重传统的习俗，文化得到保护和延续。这反映在城市和建筑上，则表现出不同时代的文化成就和繁荣特征，看后给人启发和记忆。

在现代城市规划和建筑上，日本人比较多地受到西方文化和建筑思潮的影响。现代建筑的追新求异，玩味空间现象，也是比较普遍。日本建筑的现代作品中，成败不一。日本建筑喜欢炒作"思潮"，在城市建设和建筑发展的方向上，仍然交了不少"学费"。当然，一些融入了日本文化元素的建筑创作，如丹下、黑川等的作品，几十年后来看，仍然是十分成功的经典案例。

---

❶ 土耳其在地理环境上跨越欧亚大陆，在宗教上受伊斯兰教、基督教两大宗教体系的影响，在历史上受古罗马和奥匈帝国文化的传承，文化上兼具亚洲和欧洲的文化特征。

日本京都·清水寺

2010 年 11 月

3.2 中国人居环境部分

3.2.1 重庆·三峡

四川历称"巴蜀","巴山蜀水"是重庆和成都地域的别称。重庆直辖市后，在地理区划上形成以川东片区为主要行政辖区范围的"巴渝"地区。这一地区，居于四川盆地的东部山地，由西至东，逐步由深丘、低山、高山，而进入三峡大山环境。古书记载："三峡六百里中，两岸连山，略无缺处。"（郦道元《水经注－三峡》）出三峡，已是湖北的宜昌，宜昌古称"夷陵"，谓"水至此而夷，山至此而陵"之意。

三峡是一个特殊的地理文化单元，沟壑起伏。长江在与嘉陵江的交汇处是重庆的朝天门，长江向东而去，割开南北走向的山脉，形成大山峡谷，也构成了这一地区特殊的城市、城镇和建筑文化形态。三峡的城市和乡村人居环境，可以概括为大山大水，依山就势，组团格局；有史以来，这一地区的城市建设和建筑营造，也与山地的生态和文化紧密联系，形成风格和技术特点，在我国地区建筑学上，占有重要一席❶。

三峡工程赋予重庆和三峡地区城市（镇）搬迁和人居环境新建的历史意义。水库淹没和区域城镇化发展，使这一地区的传统城市（镇）和建筑形态大部分消失。笔者在做重庆城市和三峡库区城镇迁建研究工作的同时，用建筑速写的形式，记录下部分场景，今天看来，已成珍贵历史资料。

3.2.2 巴渝古镇

重庆古称"渝水"，秦属巴郡，故今重庆直辖市的范围，在地理单元上称"巴渝"。巴渝地区，或因驿站、因水陆交通的转换关系，形成诸多小镇，尤其物资南北转运、"川盐济楚"等因素，发展兴旺。历史上，重庆是四川、滇黔等地经由长江航运，物资转载往湖广、荆楚、江浙等地的重要节点。因此，在明清、抗战时期，商肆数度繁荣和兴旺。诸多沿江河小镇，得以规模发展，民俗兴盛，烟火缭绕。解放后的城市建设，陆路修通，水运替代，古镇日渐衰落；20世纪城镇化的发展，大城市地区得以先行，古镇因交通不便，地处偏远，大多得以被动保护。新世纪以来，国家和民众对传统文化的重视，提倡文化复兴，呼唤文化回归和文化自重，巴渝古镇的历史文化价值得到重新认识。

---

❶ 参见赵万民：《山地人居环境科学研究引论》，西部人居环境学刊，2013（03）。

江津·四面山

1999 年春

巴渝地区古镇有如下特点：①区域地理形态呈东西走向，主要沿长江和主要支流，自西向东而构成。②人类的聚居，以水为生命之源，江河不仅是人类生存的依傍，而且也是古时的交通要道。巴渝地区，河川众多。河川的地理构成特点是以长江为干，汇集众多的江河支流，江河穿行于大山之间，形成山地特征的人类聚居环境。巴渝古镇的选点，都在江河的边上，逐步生长和发展。③历史上古镇的兴衰，除交通因素外，还有军事、商贸集市、外地移民、宗教文化等影响因素。因不同的因素作用，伴之以地方居民的生活习俗和风貌特色，巴渝形成了各具风采的古镇聚居形态❶。

巴渝古镇最能反映三峡文化、移民文化和地方民族文化的融合关系，是地域城镇聚居形态和文化发展的历史结晶。巴渝聚居，因地理环境与平原地区不同，巴渝古镇具有独特的建筑风貌与文化内涵，同时又受到周边地域文化形态的影响，广收并蓄。明清的大移民、"湖广填四川"等，使得巴渝城镇融合了周边省市地区的外来文化特色和建构技术，各地外来的商会、祠堂、货栈、民居等与移民原地域文化保持了继承与变异的关系，传入巴渝，使古镇历史文化和建筑形态更加丰富多彩。

3.2.3　川西少数民族聚居

四川西部在地理环境上与我国青藏高原接壤，地理和地貌的起伏变化，生态和物种的多样性，使这个地区充满文化的独特性和神秘感。因历史变迁的原因，这一地区居住的大多是少数民族，并且是以藏族和羌族为主，还有彝族、摩梭人等。

川西少数民族地区的聚居文化、生态环境吸引了城市、建筑、美术、民族研究等学术领域的大量学者来到此地体验和考察。笔者也多次利用假日的空余时间，和朋友们一道，驱车前往四川的阿坝、康定、汶川、川滇交汇的泸沽湖等地，考察那儿的少数民族聚居环境。

在 2002 年左右，从重庆出发，大约 8 至 9 个小时的车行，即可从都市喧嚣繁忙的生活中，来到生态盎然、山水雄浑、视野透彻、阳光明媚、几乎一尘不染的川西少数民族聚居区，生命的状态从繁杂的琐事中解放出来，精神为之一振，人的情绪也如山川般显得铮亮、透明。

应该说，藏、羌、摩梭的聚居地是另外一种文化形态，是远别于汉文化的另类单元。在此作用下，在纯净自然的生态大环境中，创造了极富特色的聚居文化和生存状态。

❶ 参见赵万民，"论山地城乡规划研究的科学内涵———中国城市规划学会山地城乡规划学术委员会启动会学术陈述"，《西部人居环境学刊》，2014-4 期。

the Palace
of Land in
Luxembourg.
吴迪 NOV. 27. 2000.

卢森堡·山地王宫
2000 年 11 月

他们将来自远古的神秘和对大自然的敬畏传承下来，创造聚居的形式以及相应的建筑文化和生活技术与内涵。

同时，少数民族将精神文化的图腾与聚居生活的本质需求紧密联系，形成了人居环境应该有的文化特色、自然生态性、民族质朴的个性，等等。在生活空间的营建上，则反映出聚落和建筑技术与地域艺术充分结合的科学性和生态性，让人耳目一新，看后流连忘返。

3.2.4 国内其他城市和地区

本部分内容，是笔者利用国内开会或短暂考察的空隙，匆忙抓出来的"速写作品"，事后看来，有它的真实性和生动所在。反映了笔者此情此景对"在地空间"的认识和文化感受，是对我国南、北方地域场所聚居的一种体验。对北方和江南地区的聚居和建筑形态，并未做过太多的学术研究，仅是从建筑的速写角度，做的一些记录，多为随机而得。

笔者 2005 年有生以来第一次登临华山，被华山的雄浑和刚毅气势所震慑，喜爱之致。速写绘画，不能得其神韵之万一。笔者体会，中原文化的刚毅，中华历史的辉煌，秦汉雄阔，汉唐气派，不能谓之与山水环境的孕育毫无关联。

江南之秀美，自不待说。走访几处江南小镇，十分入画，对于江南的传统人居和文化内涵，应该认真坐下来，很好地品味和学习江南聚居环境和建筑空间的灵动和精致，吸纳营养，能够借此提高对江南水乡聚居和建筑文化空间的境界认识。

4 结语

《聚居的体验》书著[1]，是笔者 20 多年来在世界上以及中国一些城市和地区对人居环境"空间场所"考察的心得和认识。吴良镛院士为《聚居的体验》做"序"，赞赏和鼓励了这种体验和思考的学术方式："重庆大学赵万民教授的速写集《聚居的体验》即将出版，嘱余为序。得见其多年来在世界各地绘制的一系列作品，有些竟是我们共同走过的地方，我甚为欣喜，回味无穷……美即是生活，人居环境是以人的生活为中心的美的欣赏和艺术创造，是规划、建筑、园林及各种艺术的美的综合集成。神州大地、万古江河构成多少壮观的城市、村镇、市井、通衢；庄子云：'至

---

❶ 参见赵万民：《聚居的体验——赵万民城市·建筑速写记》，中国建筑工业出版社，2017 年 4 月。

日本奈良·东大寺
2010 年 11 月

大无外，至小无内。'建筑学人应该有俯仰一切的胸怀，时刻保持敏锐的观察力，从人居环境中体会、汲取丰富的美学营养，提高自己的文化艺术修养，激发自己在前进中的创造力。"❶ 对于城市规划、建筑学、风景园林的学术工作者，通过这种历史、文化、社会、城市和建筑形态的考察和对比，能够增进对人居环境文化形态和建筑美学更进一步的理解，汲取营养，用于今天城乡建设的研究工作与实践中。

---

❶ 详见《聚居的体验——赵万民城市·建筑速写记》"序"，吴良镛作。

川西 · 旷野
2004 年 10 月

13 建筑事业的本土文化精神
需要从培养学生做起

近年来，我国建筑学、城市规划学科建设和发展速度很快，全国设有建筑和规划专业的大学院校已逾一百五六十所。办学领域与涉及背景也非常广，如建筑类、地理区域类、人文社科类、美术类、农林学类等院校都先后办起了建筑和城市规划专业。这种蓬勃发展的办学局面，使得建筑学、城市规划教育在面对国际化的同时，结合社会经济和人文条件，为自己国家和地方城乡建设事业服务的必要性和现实性显得越来越重要。

吴良镛教授在《建筑学的未来》中曾经指出："建筑教育需要国际化，如交流教学大纲、向合作伙伴推荐学校的优点和强项、制定开展比较的质量标准等。'这种国际化的行动产生众多的经济效果，但也并非没有危险，因为被误解的国际化可能导致所有学校抹杀其特点，效法最富裕的国家或最有实力的学校的培养方法，而高等学校的使命之一是为本国甚至当地的发展做贡献。事实上，符合各地实际需要就不可能十分相似。我们现在处于国际化和因地制宜双重需要的矛盾中，必须采取有针对性的方式来迎接这种挑战。'"❶一直以来，我国建筑学、城市规划教育基本

---

❶ 参见吴良镛：《世纪之交的凝思——建筑学的未来》，北京：清华大学出版社，1999：p102。

北京·慕田峪长城

1992 年秋

坚持了自己的办学方针，在课程建设、学科体系设置等方面，结合地区城乡建设需要为地方服务，在国家教育部、建设部的支持下，全国专业指导委员会和众多专家学者积极倡导，在各个院校的办学实践配合下，总体发展是健康的。但是，经济全球化的强大影响和城市化的快速发展，使我们的建筑教育也面临着相当多的问题。

山地人居环境系列研究：城市规划·建筑本科教学课程改革实验
（教育部世界银行贷款《新世纪高等教育教学改革工程》资助项目，项目主持人：赵万民，2003–2006 年）

中国的建筑和城市文化观正处在一个"鱼龙混杂"的时代。面对经济全球化和东西方文化的碰撞，中国的城市、建筑特色在"快速城市化"的过程中面临着逐步丧失的危机。就总体看来，当前的大学生，由于他（她）们生长的客观时代和社会环境的影响所致，在自己民族文化的根基方面，是比较肤浅的，缺乏对本国本土文化的深层理解和日常生活的必然依存。就我们建筑学和城市规划教育而言，面对城市规划和建筑教育的本土文化危机，容易忽略教育的责任和义务；而对本土文化的重视、延续和发展，还应该来自教育行为的本身。我们大学院校在年复一年地培养出大量的建筑和城市规划人才，今天的学生将是明天城市的设计者、管理者、开发者和教育者，他（她）们的价值观念、思维模式和文化取向，将是确定地区或城市文化形态建设走向的重要环节。他（她）们是文化弘扬和文化建设的推行者，稍有不慎，他（们）们又可能成为城市文化建设和自己本土文化传承的"阻断"者，做了"建设性"破坏和外来文化全面"侵蚀"和"替代"自己本土文化的推行者。"教育必须从娃娃抓起"。建筑和城市规划教育工作需要高度重视自己本土性和地区性服务的问题，需要重视城市和建筑文化多元化，培养植根本土文化的建设人才。

上海·豫园
2004 年 6 月

目前，我们学生的知识结构和文化结构不平衡：重利益而轻文化，重"时髦"而轻传统，重西方而轻国学，重"拷贝"而轻创造。面对市场经济的巨大转型，教师的价值观和职业精神也是需要规范、正确和提升的紧要问题。教师需要真正成为学生"学业知识"的教师和"文化修养"的导师。在当前的大学建筑规划院系中，

从表面上看，大量年青的博士、硕士毕业留校后，似乎缓解了青年教师和有经验中老年教师在人数上的"青黄不接"现象。但是，在真正本土文化的"学养"和教育责任的"精神"方面，年轻一代教师却比老一辈学者相去甚远，"青黄不接"现象正在面临。这些客观情况，成了我国建筑教育 "本土文化"

山地建筑、规划、景园、技术"四位一体"教学创新
获重庆市教学成果一等奖（2013 年 7 月）

有效延续和健康发展的 "隐性"障碍，是我们不得不面对和解答的问题。

建筑学和城市规划教育的地区性和服务性问题，根本上是解决为谁服务、怎么服务的问题。中国的建筑学和城市规划培养的人才，在 20 世纪 80-90 年代间，面临着大量人才海外流失和"孔雀东南飞"的不良局面；90 年代后期和新世纪来临，整个中国的城市规划和建筑业市场又面临着极大的"国际化"的冲击，外国洋人夹带着"中国海归"抢滩中国市场，在社会性趋向"国际化"和城市、地方领导们"哈洋"的环境下，中国的建筑市场出现"误区"以及人才价值取向的"误导"，中国本土文化的地位在这种不公平竞争中又一次处于劣势，社会认同和校园内学生们的价值取向如"U"形管相连通，深远地影响了我们的建筑和城市规划教育。

中国地域广大，城市文化和建筑文化因地区性差异，源远流长，精彩纷呈，百花齐放。不同地区、不同大学背景的建筑和城市规划院系的办学特色，是确立学校的办学地位和办学目标、引导学生们的知识结构和文化结构正确建立的问题，更是

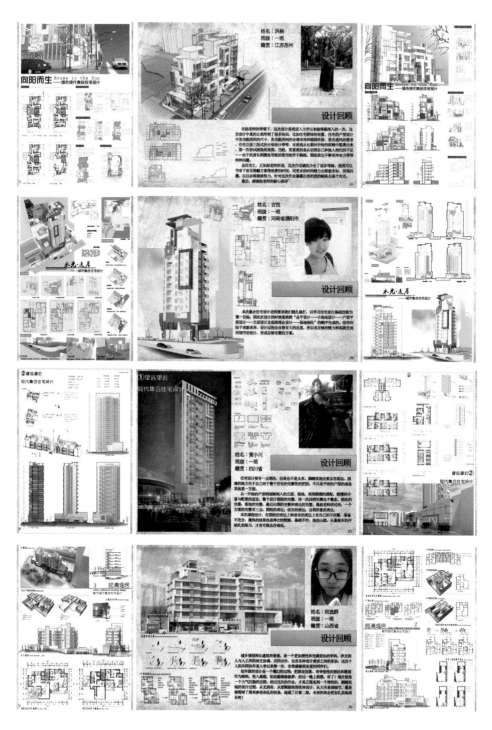

城市规划专业本科三年级教学·现代住宅设计

指导教师：赵万民

2016 年 5 月

培养学生毕业后在什么地区从业、为谁服务的重要问题。面对全球化经济发展和世界文化趋同现象的特殊历史时期，建立民族和地区自己的文化自尊，确立建筑教育本土的文化内涵和文化地位，是我们建筑事业可持续发展的重要环节，也是建筑本土文化精神需要从培养学生做起的战略性工作。

　　全国众多院校和不同地区的专业，研究各自的情况，提出办学特色，这是适应国家和地区社会经济发展和城乡建设的需要，也是人才质量培养和市场的需要。在全国统一的教学纲要指导下，从培养人才入手，从基础理论和基础训练入手，提出各自学校发展方向和人才培养方式，进行学科建设和探索，建立自己的办学特色和学术定位，这项工作在全国不少院校和教学工作中得到认同和推进。我国当代经济发展和城乡建设赋予了城市规划和建筑学行业重要的社会地位，学生们是聪明的有才干的、富于创造性的，关键在于我们教育方式的科学引导和正确把握。需要重视培养同学们对本土文化的热爱和相应的引导，并将这项工作融进教学工作中，使同学们逐步成长为在全球化经济发展和东西文化碰撞中有立场、有个性、有思维的有

城市规划专业本科四年级教学·大学校园规划
（指导教师：赵万民，2017年）

用人才。"随着经济活动范围的扩大，在经济全球化的大背景下，城市发展更需要从区域的环境中去协调定位……所以，城市规划人才培养也应当是多层次的。这就需要各院校根据自身优势、条件、基础，确定各自办学的重点，培育强项，办出特色"❶。

---

❶　参见陈秉钊：《全国城市规划专业教学大纲（2004版）》序，北京：中国建筑工业出版社，2004年5月。

阆中·华光楼

1999 年 5 月

与全国的很多建筑类学校一样，重庆大学建筑学和城市规划的本科学生在第四学年安排有"城市历史街区有机更新"的设计课程，教学的目的在两个方面：其一，培养学生对城市历史街区的认识，掌握历史街区更新的基础理论和基本技能；其二，引导学生认识城市历史街区和建筑形态，从中培养学生对自己本土文化的理解和热爱。相比其他课程，这门课程的教学有一定的难度，主要是因为城市旧区更新的问题错综复杂，社会和经济的矛盾与技术问题纠缠在一起，对于还属于感兴趣于技术训练的本科同学来说，在规划设计中还不善于处理社会经济和文化类型的问题，所以不容易把握住解决问题的主要方向。但在另一方面，通过旧城更新的课程学习和

山地人居环境系列研究：黄勇、魏晓芳博士论文
获"重庆市优秀博士学位论文"
（指导教师：赵万民，2012年、2015年）

训练，对培养同学们的综合分析和解决问题的能力，效果是明显的；通过教学唤起同学们了解基层市民生活的困难以及解决困难的社会责任感，理解文化街区蕴涵的生命活力和文化魅力，以及培养同学们热爱本土文化的思维方式与技术方法（在《解读旧城》中同学们有较好的表达）。所以，课程的设置和训练对学生们又是极其重要和必须的。应该说，通过课程的"教与学"，老师和同学们都得到了旧城解读的技术锻炼和文化思维提升。每学年，重庆大学城市规划和建筑学的学生都开设这一课程，在我的记忆中，自为学生起，年复一年，此教学课程不断。虽为"老课"，但随社会发展，经济景况改变，城市化促进旧城加速变迁，社会认同文化和人们理解文化的程度改变，使得课程开设有了新意；当代学子，思维敏捷，信息量广，个性独立，理解和热爱文化的方式反映了时代的进步与价值追求，促成课程教学内容

三峡·川江号子
2005 年 5 月

和观点不断发展以应时代进步的节奏。这些因素，不仅使课程受到教师和同学的重视，而且产生了教学的趣味性和生命活力。

《解读旧城》是我指导同学们完成课程作业的一个集子，包括三部分内容：重庆都市区内两个尚且存留的历史街区的调查与保护规划，以及对其他大城市历史街区保护状况的调查，通过学生们自己的视觉和理解，阐述在我们这样一个城市化高速发展的时代，对城市本土文化的延续和对社会市民生活的认识，以及通过城市规划与设计的途径解读旧城问题的一种思路。我曾经承担教育部一项研究课题，督促了自己对相关教学问题的研究。在此书之前，曾由东南大学出版社出过《择居学步》。《择居》一书是学生们对城市"新区居住"问题的理解，而《解读旧城》是希望引导学生们对城市"旧区生活"问题的思考。

在我们学院，每年参加"旧城更新课"教学的老师还有很多，《解读旧城》仅为我将自己指导学生的学习情况整理出来，作为一种教学工作的总结。这其中，自然包含了学院老师们的集体智慧和课程教学的劳动，在此一并致谢；在作业后期整理成集的工作中，几位已经成为研究生的同学为此事付出诸多辛苦，应予感谢。

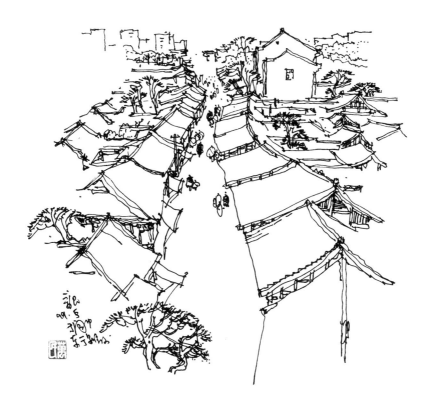

阆中·东街

1999 年 5 月

14 《山地大学校园规划理论与方法》序

大学校园作为高等教育的物质载体，是综合体现学校教育质量和学术水平的场所。在经济全球化和世界文化趋同的新形势下，科技水平和人才教育质量的竞争，越来越成为社会、经济、科技、文化综合发展的重要评价标准，成为国家科技事业稳步走国际水平的保证。当前，我国大学校园规划和建设工作风起云涌，如火如荼，成为城市发展建设一个时期的重要内容。自 20 世纪 50 年代以来，经过半个多世纪的发展，到本世纪初，国家的高等院校已由建国初期的 205 所、在校学生 11 万，发展到现有的 1100 余所、校学生 320 余万[1]。我国政府制定的"十五"教育发展规划明确提出"积极发展高等教育"，并将高等教育作为一项支撑国民经济发展的产业而纳入国策。高等教育事业的发展使大学校园规划和建设得到空前发展。从相关资料看，仅 1999 年我国普通高校新增校舍面积 1320 万平方米，比上年增长 74%，正在施工 1522 万平方米，比上年增长 51%[2]。根据"全国教育事业九五规划和 2010 年发展规划"的资料显示，到 2010 年我国高教事业发展目标是使在校生增加到 950 万人左右，城市人口中每 10 万人口在校大学生数达到 700 人。进入新世纪以来，我国

---

[1] 参见房先平：《隐忧与希望——中国社会年报》，兰州：兰州大学出版社，2001。
[2] 参见蒋鸣和：《"九五"期间我国高等教育发展的回顾与展望》

香港大学·校门
1999 年 9 月

高等院校的发展规模速度惊人，据资料统计，2005 年我国适龄人口的高等教育毛入学率已达到 20% 左右，国家逐渐从精英教育向大众教育过渡。

山地人居环境系列研究：
山地大学校园规划理论与方法（赵万民主著，2007 年 9 月）

高等教育是一个国家教育事业的重要组成部分，也是促进社会、经济、科技、文化发展与进步的强劲推动力。大学校园作为高等教育的物质载体，是综合体现学校教育质量和学术水平的场所。我国大学教育能否满足当前高教体制改革、招生规模扩大、教育观念转变等方面的变革因素，大学校园建设是十分重要的内容。因此，在经济全球化和世界文化趋同的新形势下，大学校园建设是国家促进高等教育健康发展、适应社会需要、培养更多高素质人才、使国家的科技事业稳步走国际水平的根本保证。

当代大学教育，是使学生培养研究学识能力，养成独立的人格特质，使其具有人文、社会、艺术、文化涵养，在社会文明化的过程中蕴育成为有知识、有文化的现代化公民。大学校园环境的良好与否，直接或间接地影响到大学教育的目标及大学功能的完整性和教育质量。大学校园规划是为了建设一个良好的校园生活环境，从而为培养高级的人文和科技人才提供物质平台。美国学者在对 1982 年以来美国学校建筑做了深入的分析后，指出了教育建筑的重要性："学习的决定因素很多，交错复杂，学校建筑是教育过程中最重要的变项之一。"台湾学者汤志民先生在他的研究中也证实，"校园规划越完善理想，学生从中获得的正面知觉就越多，负面知觉越少，对学生行为的影响则是积极行为越多，消极行为越少"[1]。

在大学校园建设飞速发展的同时，校园扩张引发城市建设用地和城市结构重新调整，城市基础设施建设不平衡发展，大规模侵占农业用地以及校园建设中人地矛

---

[1] 参见汤志民：《台北市国民小学学校建筑规划、环境知觉与学生行为之相关研究》，台北：台北政治大学博士学位论文，1991 年。

清华大学·学生宿舍一号楼

1993 年秋

盾等问题日益突显。在山地大学校园规划和建设中，如何合理利用山地丘陵，创造有自然地貌特色、有新时代文化品位、环境宜人的山地大学校园等，都是我国大学校园规划和建设需要研究的新课题。山地自然环境占据了地球大部分的陆地表面积，不论是人类文明产生的初期还是高度发展的现代文明，人类定居活动都和山地环境发生着密切联系。随着当代社会、经济发展以及工业化、城市化加剧，生态、环境、资源对人类生活和生产可持续发展的价值重要作用，人类对山地将更加关注。国际山地学会主席、著名山地生态学家 J.D. 凡费斯曾经指出，"人类与山地的关系从来没有像最近四分之一世纪以来显得如此重要，人类未来的生存，取决于山区的开发和保护"❶。我国山地面积约占国土面积 69%，有 56% 的人口居住在山地，我国是典型的多山国家。当前，我国大学校园的建设，由于对用地规模要求和环境品质的追求，新校园区大多选择在城市外围郊区有山有水的地方，校园的建设与山地有关。

我国是一个崇尚文化和尊师重教的国度，山水哲学思想是我国传统文化的一条"主脉"，从古至今，一以贯之。"中国书院从诞生之日起，就把山水胜地作为自己院址的首选。历史上的著名书院，无不建在名山胜地和城郊风景优美之处"❷。从古代书院到近代史中我国的大学校园建设，都体现了"仁者乐山，智者乐水"的人文理念，充分反映出校园建设与山水环境有关。我国近十多年的大学校园建设"热潮"，从全国范围看，大学新校园区的择址、规划和建设，也大多选择建在有山有水的优美自然环境中。具有山水形态和人文品质追求的大学校园规划和建设，是当前校园建设工作中十分重要的内容，这可以体现在两个方面：其一，引导具有自然山水环境条件的大学校园"因地制宜"和"因势利导"高质量的营建，形成实质性的山水校园和人文校园；其二，帮助教化我们的受教育者"乐水乐山"的仁智品质，从而成长为具有"情系国家"、"心怀天下"科技文化的一代新人，使我们的大学校园真正成为教书育人的"文化的高地"。

自 20 世纪 90 年代开始，我国大学校园的建设随着大学教育的规模扩展而逐步上到新台阶，新大学校园区规划与设计成为业界的热门"话题"。由于校园建设的学科属性、人文属性、环境品质属性的丰富内涵，社会性、时代性和经济性所赋予新大学校园建设的特殊要求，校园建设研究和实践所具有的学术价值和市场作用等

---

❶ 转引自黄光宇：《山地城镇规划建设与环境生态》，北京：科学出版社，1994：p1—4。
❷ 引自《中国书院》。

东京大学·红门

2010 年 11 月

综合因素，使新大学校园规划与建设成为学界一项具有显示度的重要工作。

我国的大学新校园区规划与建设活动已逾十五六年，从规模发展上看，接近"后期"。但从校园建设的质量和大学校园应该反映出的"科学与人文"品质看，还相差很远，后面的路还很长。十多年来，在社会整体性逐步重视"教育"和"文化"、大学教育亦可成为一项"产业"的思维导向下，大学校园的建设在城市规划和城市建设发展的工作中"占有先机"而"网开一面"，使得一个时期内，中国的大学校园和"大学城"的建设"如火如荼"、"一日千里"。当冷静下来，回看走过的道路，我们的工作仍然有太多的地方值得总结和反思，如对城市珍贵土地不切实际的占用、校园规模的"胡夸"带来校园建设一系列工作的"失范"和"失常"、校园建设的"大跃进"往往是以工程建设的"亚健康"状况为代价，人们在批评"千城一面"的同时却将大学新校园区的建设导向"千校一面"，"大学城"超常规的建设往往忽略城市规划的整体性和有机性而干扰城市规划的科学步骤，等等。这些问题，政府部门和学界专家应引起重视，制定相关政策，进行学术研究，探讨解决的办法，希望引导新时期我国大学校园规划和建设的工作健康发展。

笔者生活、工作于西南山地区域，西南地区诸多大学的规模发展所引出的新校园建设问题，与全国同步，同样面临困惑和矛盾。在日常的教学和科研中，我也参与一些大学校园的规划和建设工作，从职业的理性思考和责任感出发，引导大学校园的健康发展和正确的理论指导和实践，对我们具体从事业务工作的规划师、建筑师来说，是极其紧要的职业责任和道德。因为在大学和大学城建设的工作中，城市的市长、大学的校长的诸多学术见识和理论知识，最初是来源于我们对大学校园建设理论与实例的观点引导，从而帮助他们形成决策思考以及实施计划；今天的中国，大学还是尊重知识和人才的地方，是讲科学和文化的场所，专家的学术观点一般都能得到积极的采纳并深远地影响校园的建设和发展。这样的工作，尤其在校园规划前期的宏观决策上和校园建设的战略思维上，会发生作用。而这一工作其出发点和所产生的实效价值，抑或对文化品质的宏观定位、对工程建设的发展取向，对每一所大学校园建设来讲，都将是决定性的和划时代的！当一所大学校园或大学城的建设已成规模，而其中"精神与物质"的巨大得失、长短时期的"品质效益"，业外人士往往是不易看见的，唯我们行业工作者心知肚明。

加拿大 University Manitoba·行政楼
1988 年冬

近年，在大陆和台湾有影响的学者间，举行了十分有意义的关于"海峡两岸大学校园规划与建设"的学术研讨会❶，针对两岸大学校园建设的历程，总结经验，提出问题，探索理论与实践的发展。会议已在两岸间成功举行六届，并逐步引导研讨的主体从微观到宏观、从物质形态到人文关怀，逐步深化校园建设的可持续发展主题。笔者有幸参加到研讨会中，结识朋友，扩展视野，提升学术的理论思考，自觉受益

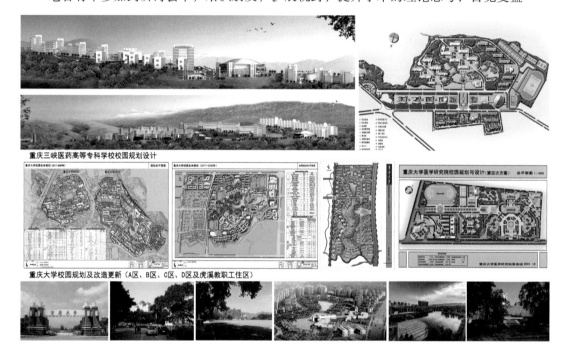

山地人居环境系列研究：大学校园规划设计及建设实施案例
（主要规划设计人员：赵万民、李和平、杨柳、杨光等，2010-2017 年）

匪浅。2005 年秋，第五届研讨会在台湾大学举行，台大第四届校长、著名学者傅斯年先生所提倡的办学精神至今令人敬仰："我们贡献这个大学于宇宙的精神"！台湾大学在学校图书馆最庄重的地方将傅斯年校长的像和这一校训呈示出来。我以为，这既是为国家和民族发展强盛的伟大科学探索精神，又是为人类文化不断延续和辉煌的崇高人文精神。我们今天的大学校园建设，在面对经济全球化和世界文化趋同、社会整体性的重物质而轻文化的时空环境中，从物质形态到学术思维，尤其需要崇尚这种"精神"。

---

❶　由北京大学、台北大学等发起，于 1999 年在两岸大学间进行"海峡两岸大学校园规划与建设"的学术研讨会，定期举办会议和互访，到 2006 年，会议已经成功举办六届。

台湾大学·外街
2005 年 12 月

　　此书的写作，希望能从中国书院文化的根基出发，吸收西方大学校园物质形态的一些养分，结合山地环境客观条件，清理出我国山地大学校园规划与设计的一些基本理论和实践方法。同时，针对重庆是典型的山地城市，从抗战以来全国的大多校园迁来重庆，重庆较多的大学校园建设在那时即行起步，诸多大学的办学精神对重庆的大学校园的人文和物质环境建设影响深远，可资总结。

　　在全国范围，对大学校园的建设与研究，已广泛而深入，相当多的兄弟单位和学者，研究弥精，著述颇深，值得学习。此书草成，尚有诸多的局限和肤浅之处，还望乞教于专家同行。

老"重建工"·学生宿舍

1981 年 11 月

15 《山地建筑空间综合艺术作品集》序

建筑综合艺术主要包含了绘画、摄影、雕塑、建筑表现等与造型艺术相关的艺术形式，是建筑师、规划师、风景园林师应该具备的专业素养和文化修养。我们的城市、建筑、风景园林，在为人们创造生活所需要形态空间的同时，也在表达人们对生活空间文化内涵和美的追求。因此，城市和建筑的物质功能与艺术品质，是一个问题的两个方面，彼此影响，相辅相成。

西方早在古希腊和古罗马时代，"建筑"被认为是"艺术与技术"的结合："ARCH"+"TECT"，这是"ARCHITECTURE"一词的由来。古典西方的建筑师同时也是艺术家，如，古希腊时代的菲迪亚斯，欧洲文艺复兴时期的达·芬奇、米开朗基罗等，很多伟大的建筑和城市设计作品，是出自于他们之手，历经千年，以人类艺术珍品的形式保留下来，使我们今天仍然能够领略大师们的建筑艺术修养和超人智慧的创造力。

中国的建筑文化，同样是源远流长，与艺术一脉相承。如，唐杜牧在《阿房宫赋》中描述了中国早期建筑的整体气势，构筑规模的宏大与堂皇。唐王勃在《滕王阁序》中以"层峦耸翠，上出重霄，飞阁流丹，下临无地"短短几字，写出了建筑的精致

加拿大 Manitoba·秋湖
1988 年 9 月

和空间形态的艺术特色，以及"落霞孤鹜，秋水长天"的建筑环境与人文意境相交融的精神境界。宋张择端在《清明上河图》中用写实的绘画语言，真实地反映了关于我国宋代"城市—建筑—景观"三位一体的鲜活生活氛围和市民富裕的生活场景。明清北京的城市以及皇宫和园林，则是以中国皇家建筑文化与艺术形式被保留下来，成为整个人类建筑艺术和城市文化的经典。中国传统建筑学的创造力和艺术张力，亘古不朽，屹立于世界文化艺术之林。

现代建筑学的发展，带来关于建筑思想的现代化以及技术和材料科学等的革命，使建筑学进入"科学与技术"（Science and Technology）的时代。对建筑的人文性有了时代新的诠释和表达方式，但是，建筑与生俱来的"物质形态"和"艺术精神"的双重属性是不会改变的。从历史长河的眼光来看，同时具有物质和文化双重属性的存在，才是具有永恒生命力的。

中国的城市化正处在一个特殊的时期，建筑物质和文化关系的认识正在逐步统一到健康的轨道上来。但是，由于发展的不平衡和认识的差异，在今天的现实生活中，我们常常被大量强调了"物质性"而缺乏了基本"艺术性"的建筑产品所"困惑"。也常常看到，在城市规划和建筑教学的工作中，学生们由于城市和建筑文化与艺术的修养不够，使得"拷贝"行为成为时尚，或走入偏执，失去对建筑功能与形态正误的基本判断，成为我们建筑教学工作中的难点和遗憾。不少学生带着这种"遗憾"进入了社会以及他们所从事的终身事业中，只有寄望于在今后的社会体验和具体实践中得到校正。另外，作为教育和研究工作者，我们自己对于城市、建筑艺术修养和文化品位的基本水平和认知质量，是我们给予学生"传道、授业、解惑"的重要保障。作为建筑教育者而言，我们在影响着学生，同时我们也在相互影响。所以，我们的价值取向，我们的智慧程度，我们的认识水平和艺术修养，界定在何处，是十分重要而认真的一件事。

在中国近现代的建筑学教育体系中，对建筑绘画和摄影的综合训练几乎是学院的重要课程之一。这种训练，不仅从形态空间给学生打下良好的造型基础能力，而且也通过对建筑艺术和文化的学习，理解中外建筑艺术的历史源流，提高艺术素养，用于专业和生活之中，终身获益。此种教育方式和过程，代代相传，成为建筑类院校十分有特色和有光彩的教育内容与形式。纵观我国自民国初年以来的100年建筑

THE WAR HORSE of
ANCIENT GREEK.
in MUSEUM of ARROPOLIS
of ATHENS.
Zhaowm. 2001. Juan.

古希腊雕刻·战马

2001 年 1 月

教育，这种"建筑艺术"和"建筑技术"相融相长的教育方式，孕育了我国建筑教育事业，使之成长壮大，培养出了一代又一代才华闪烁的建筑、规划、景观的人才。

重庆大学建筑城规学院是具有形态传统的建筑类院校。建筑系初创于1935年，早年抗战时期，在重庆大学松林坡与内迁陪都重庆的中央大学建筑系比邻设馆，互为帮衬，研究学术。虽为战时艰难，营造的学术氛围却浓郁，培养了不少优秀的学术人才，对后来新中国建筑教育事业的发展，做出了不可磨灭的贡献。当时，不少绘画艺术类的学者工作于重庆大学建筑系和中央大学建筑系，如吴冠中教授等，中央大学艺术系当时也设在重庆大学，建筑系与艺术系的学生可以互相听课学习，整体的艺术氛围，对滋养建筑教育师生们的文化艺术品质，极为有帮助。即便到1977年，我们进入大学时，中国的建筑教育再度步入健康的轨道，重庆大学建筑系专业教师们所体现出的综合艺术修养和建筑绘画技能，使学生们眼界大开，得风气之先，系为沃土，师高弟子强，成长为设计能力很强的一批新人。依此学术风气，逐步成为传统，留承下来，而形成重庆大学建筑城规学院学术风格的一个方面。

此次《山地建筑空间综合艺术作品集》，是学院老师们综合艺术修养的反映。所谓综合，理由有三：其一，书法、篆刻、水彩画、钢笔速写、摄影作品综合一道，形成整体阵营和内容，反映了老师们

《山地的空间·山地建筑艺术研究会作品集》
《水彩名家·第二届中国高傲水彩名家邀请展》
（重庆大学建筑城规学院编著，重庆出版社、重庆大学出版社，
2010年5月、2013年5月）

的综合建筑艺术修养和生活爱好；其二，作者年龄跨度大，有高龄的老教授，有中年教师，也有年轻教师，反映出作者对不同时代、不同题材的审美价值取向和表达技巧；其三，作者的学术背景不同，有专业的美术教师，也有建筑学、城市规划、风景园林的专业老师，大家从骨子里热爱建筑艺术，在日常繁忙的工作中，或"五

峨眉山·冷杉林

1985 年夏

日一山"，或"十日一水"，勤耕不辍，终得所获。《作品集》是建筑城规学院老师们的部分作品，通过成集，相互交流，影响后学，将建筑教育的"艺术"属性得以传承和发展。

　　重庆大学地处西南山地，巴蜀地域大山大水的人文历史环境，年轻直辖市的生命活力，使我们不断汲取艺术的养分和底蕴，滋生成长，逐步形成风格与特色。借此"山地建筑空间综合艺术"的 50 余件作品，始为初集，促进大家的研究与发展，或能再二、再三，或望渐有学术的高度和广度。

西园雅集图·宋

踏雪寻梅图·唐

中国古典人居艺境：西园雅集图、踏雪寻梅图

竹雕·明，作者摄

2017 年 10 月

　　"西园雅集图"描绘了北宋苏轼、王诜、米芾、黄庭坚、秦观等先贤文人在西园笔会的人居艺境；"踏雪寻梅图"描绘了唐代孟浩然情怀旷达，在灞桥冒雪骑驴寻梅，潜心作诗的人文情致。

——作者注

16 《西部人居环境学刊》创刊主编寄语

学术刊物是反映一个学科群体学术思维和学术见识的重要表现形式。

当今，我国建筑大学科（建筑学、城乡规划学、风景园林学）有社会发展责任和专业交流诉求，尤其需要以学术平台的方式来表达、沟通和反映当代学人对国家城乡建设、国际化发展的前瞻性认识和理性思考。我国的城镇化发展道路正在经历从量的积累到质的提升的转型过程。物质形态的建设，初具规模；文化和道德形式的建设，刚刚起步，路正漫长。

我们需要冷静驻足，总结过去，面对现在，策划未来。

人居环境科学研究的思维观点，是将人类聚居的现代发展形式（城市、建筑、景观）纳入综合融贯的哲学思维体系，研究在当代和未来城镇化建设的现实工作中，如何面对人与环境的矛盾，探索和谐发展的科学道路，从而建设符合人类理想、具有可持续意义的人类聚居环境（吴良镛）。

《西部人居环境学刊》（后文简称《学刊》）的启刊和建设，是在国家城镇化由东向西推进的大背景下产生的。我国西部具有独特的地域文化特征、城市建筑的山水品质特征、生态和资源环境的安全构成特征以及社会和经济发展的内在规律特

三峡·临水人家
1995 年冬

征。综上因素，《学刊》得以具有了学术的独特性、科学性、场所感和使命感。西部也是我国经济发展相对缓慢的地区，学术刊物的建设，无论数量和质量，也都与东部落差甚大，反映出学科建设和积累的总体距离。但是，广袤西部，其地域的丰

《西部人居环境学刊》已经成为我国"人居环境科学"研究的重要学术期刊

富性和文化的多样性，恰又反哺于学术发展和人才育化的土壤，给予学科的营养，使其广大和厚实；西部地区生态和环境的复杂性和矛盾性，使得学术态度多一层严谨和细致，尊重科学规律和规范技术方法，成为必须培养的基本意识和基础思维。由此，《学刊》在面对国际化（international）和地域化（local）协调发展的双重定位中，找到场所，拓展空间，建立领域，从而以形成《学刊》发展"至广大、尽精微"的科学定位和学术风格。

重庆大学建筑城规学院是具有历史和文化传统的学科群体。从1935年民国时期建立建筑学科以来，经历抗战、新中国、改革开放、新世纪，逾80年历程，薪火传承，风雨如故，学科得以坚实，人才得以成长。此谓学术精神。学科多年发展，感念于学界前辈的艰苦创业、后辈之继往开来；感谢全国学界和兄弟院校支持帮助、激励和影响。近日《学刊》启刊和编委会议，得到了全国学界、兄弟院校、同行期刊、行业主管等的祝贺、鼓励和积极建议，群贤毕至，思想迭出，拳拳真心，励志于我；可视为《学刊》发展和交流的规模聚会，欢欣鼓舞，友情会趣。志向寄予远大，影响可见深远。吴良镛院士为《学刊》亲题刊名，以期鼓励；彭一刚院士亲到启刊会场指导，以致关怀。

四川·桃坪羌寨
2002 年 10 月

生逢盛世,《学刊》发展当值其时。

诚谢诸多编委和兄弟期刊的支持和期望,《学刊》将秉持求实创新的科学精神,以谦虚踏实的为学品质,探索我国西部和国家层面人居环境科学发展的理论和实践道路,融入到全国建筑规划学界学术思维和话语权的表达洪流中,为国家城乡建设事业的可持续发展和理论建树贡献应有的科学智慧和学术觉悟。

《西部人居环境学刊》启刊会参会嘉宾及编委会编委
(2013 年 5 月)

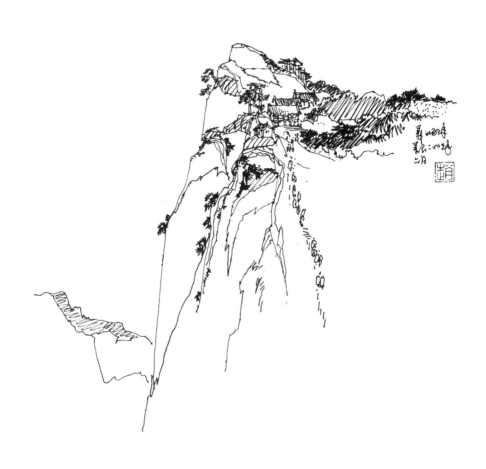

华山·西峰
2005 年 6 月

后　记

　　笔者所在的重庆大学山地人居环境学科团队，结合国家课题研究和项目实践，陆续推出相应学术成果。本书《山地人居环境科学集思》，是继《三峡库区人居环境建设发展研究——理论与实践》《山地人居环境七论》后，理论认识上的进一步思考，希望对我国西南山地和三峡库区人居环境建设，从"科学、人文、艺术"的认识角度，探索集思。

　　感谢吴良镛先生对我学术人生的引导，感谢先生在百忙中为《集思》题写书名；感谢清华大学人居环境科学研究中心诸多师长和朋友对我的关心和支持；感谢学弟武廷海教授为本书提出意见与建议。

　　感谢笔者所带领的重庆大学山地人居环境学科团队，25年来的学术成长道路，充满集体智慧、朋友帮助、思想交流、实践探索，使得大家能够为山地人居环境的建设事业，贡献一份科学精神和专业能力。

　　感谢中国城市规划学会、中国建筑学会在笔者学术发展道路上所给予的支持和帮助；感谢重庆大学建筑城规学院的同事和朋友们的支持和帮助；感谢中国建筑工业出版社领导和编辑的支持。

　　感谢家人对我学术事业的帮助和支持。

　　此书是笔者对山地人居环境科学研究阶段性认识，祖国山川大地美好人居环境建设，与笔者学术事业相生相融，"读万卷书、行万里路、谋万家居"，吾将为此上下而求索！

赵万民

2018年10月2日